淘宝网店 Photoshop 设计与装修专业教程

曹培强 陆沁 冯海靖 编著

U0321200

清华大学出版社

北京

内 容 简 介

本书是以实例和设计理论相结合的方式逐步体现装修在网上店铺中的重要性。根据装修网店所应了解各个知识点，精心设计了50多个与装修网店相关联的实例并配有实时同步70多个的教学视频，在网店配色与商品色彩风格调整、网店商品整体调整、商品图片更换背景、网店中可用于装修元素的设计与制作部分为综合性质的实例，在网店店铺装修实战与宝贝发布部分为淘宝后台装修实战实例，全都配有实时同步的视频。

本书循序渐进地讲解了网上店铺装修时所需要的全部知识。全书共分6章内容，依次讲解了网店配色与商品色彩风格调整、网店商品整体调整、商品图片更换背景、网店视觉细节、网店中可用于装修元素的设计与制作和网店店铺装修实战与宝贝发布等内容。

本书采用实例教程结合理论的编写形式，兼具技术手册和应用技巧参考手册的特点，技术实用，讲解清晰，不仅可以作为初次开店想自己装修店铺的初中级读者的学习用书，而且也可以作为各大院校相关专业及电子商务方面培训班的教材。

图书在版编目(CIP)数据

Photoshop淘宝网店设计与装修专业教程 / 曹培强，陆沁，冯海靖 编著. —北京：清华大学出版社，2016 (2017.12重印)
ISBN 978-7-302-45060-3

Ⅰ.①P… Ⅱ.①曹… ②陆… ③冯… Ⅲ.①图像处理软件—教材 Ⅳ.①TP391.413

中国版本图书馆CIP数据核字(2016)第218562号

责任编辑：李   磊
封面设计：王   晨
责任校对：曹   阳
责任印制：刘祎淼

出版发行：清华大学出版社
       网   址：http://www.tup.com.cn，http://www.wqbook.com
       地   址：北京清华大学学研大厦A座   邮   编：100084
       社 总 机：010-62770175   邮   购：010-62786544
       投稿与读者服务：010-62776969，c-service@tup.tsinghua.edu.cn
       质 量 反 馈：010-62772015，zhiliang@tup.tsinghua.edu.cn
印 装 者：北京亿浓世纪彩色印刷有限公司
经   销：全国新华书店
开   本：190mm×250mm   印   张：14.25   字   数：420千字
       (附DVD光盘1张)
版   次：2016年11月第1版   印   次：2017年12月第2次印刷
印   数：3001～4500
定   价：59.80元

产品编号：067982-01

近年来网络发展的速度惊人，人们对于网络的依赖也是越来越多了。只要有互联网，买东西和卖东西都不需要在实体店内进行，在线上店铺中只要把自己喜欢的商品选中后动一动鼠标，就能完成网上交易。对于买家而言，在网上逛网店，最能够打动自己的除了价格和产品特色以外，还有整体网店的配色和装修格局，这两点也可以大大激发买家的购买欲望。对于卖家而言，能够产生经济效益的店铺是每个卖家的最大心愿。在价格与特点都大体相同的情况下，一个好的网店装修界面绝对是提升卖点的一个保证。

　　目前市面上流行的网店装修书籍大多数是以理论或实例两种形态存在的，而本书正好将两者的特点合二为一，使网店经营者不但可以对装修的理论有更深的理解，还可以通过书中大量的实例来完成实践操作的过程，从而能够更容易了解网店装修所涉及的软件技能以及淘宝后台直接进行装修模块的构成。本书作者有着多年丰富的电商教学经验、网店经营和装修的实际设计工作经验，将自己在网店装修的过程中总结的经验和技巧展现给读者。希望读者能够在体会装修软件的强大功能的同时，将设计创意和设计理念通过软件体现到网店的视觉效果中来，更希望通过本书能够帮助读者解决开店装修中的难题，提高开店水平，快速成为网上销售的高手。

本书特点

　　本书内容由浅入深，每一章的内容都丰富多彩，力争涵盖网上店铺装修中涉及的全部知识点，以实例结合理论的方式对网店装修进行实际应用的讲解，使读者在学习时少走弯路。

　　本书具有以下特点。

◆ 内容全面，几乎涵盖了网店装修所涉及的图像、配色、视觉细节和整体店铺装修的各个方面，从商品图像编修的一般流程入手，逐步引导读者学习装修时所涉及的各种技能。

◆ 语言通俗易懂，讲解清晰，前后呼应，以最小的篇幅、最易读懂的语言来讲解每一项功能和每一个实例，让您学习更加轻松，阅读更加容易。

◆ 实例丰富，技巧全面实用，技术含量高，与实践紧密结合。每一个实例都倾注了作者多年的实践经验，每一项功能都已经过技术认证。

◆ 注重理论与实践相结合，书中的实例都是以店铺装修时的某个重要知识点展开，使读者更容易理解和掌握，从而方便知识点的记忆，进而能够举一反三。

◆ 软件与后台相结合，在 Photoshop 中完成效果图像的编修、在 Dreamweaver 中进行代码的编辑，最后在淘宝后台中直接对之前设计制作的模块元素进行装修运用。

◆ 书中关键的功能以及实例部分都配有实时同步的视频，可以让学习者更快、更轻松地掌握网店装修知识。

本书章节安排

　　本书共分 6 章，采用基础知识与应用案例相结合的方法，循序渐进地向读者介绍了淘宝网店在装修时需要掌握的基础、各部分元素的绘制方法，以及将各个元素应用到网店中的方法，每章中所包含的主要内容如下。

　　第 1 章　网店配色与商品色调风格调整，主要介绍了装修淘宝店铺时需要了解并掌握的色彩理论与网店图片色调的调整。

　　第 2 章　网店商品整体调整，主要介绍了网店装修图片时遇到一些问题的解决方法，例如图片外观校正、处理商品图片中的瑕疵，以及制作图片的版权内容。

第 3 章　商品图片更换背景，主要介绍了在处理网拍商品图片时，为了统一风格而进行的背景替换，替换时的主要方法包含选区抠图、路径抠图、通道抠图、蒙版抠图和综合抠图，每种抠图都有与之对应的实例作为详细的演示。

第 4 章　网店视觉细节，主要介绍了对网拍图片进行细节方面的调整，例如统一边框、对齐、添加标签等，使整个界面看起来更加统一，并通过几个综合案例详细地演示了各种统一细节的制作。

第 5 章　网店中可用于装修元素的设计与制作，主要介绍了淘宝网店首页需要装修的各个区域的制作方法，并通过详细的案例演示了各个元素的制作方法。

第 6 章　网店店铺装修实战与宝贝发布，主要介绍了将之前设计制作的装修元素应用到网店中完成最终的装修效果，使网店能够正常运营。

本书读者对象和作者

本书主要面向想开网店的初、中级读者，是一本非常适合的网店装修教材。任何课程都应该从简单的基础开始，再循序渐进地进行学习，以前没有接触过网上开店或自己装修的读者无须参照其他书籍即可轻松入门，对于已经可以自己进行网店店铺装修的读者同样可以从中快速了解本书中的店铺配色、商品调色以及视觉细节等方面的知识点，并自如地踏上新的台阶。

本书主要由曹培强、陆沁和冯海靖编著，参加编写的成员还有王红蕾、时延辉、戴时影、潘磊、刘冬美、尚彤、葛久平、孙倩、殷晓峰、谷鹏、张叔阳、赵頔、张猛、齐新、王海鹏、刘爱华、王君赫、张杰、胡渤、张凝、张希、周荥、周莉、陆鑫、刘智梅、贾文正、金雨、黄友良、蒋立军、蒋岚、蒋玉、苏丽荣、谭明宇、李岩、吴承国、陶卫锋、孟琦、曹培军、刘绍婕、陈美荣、吴国新等。

由于时间仓促，且作者水平有限，书中疏漏和不足之处在所难免，敬请读者批评指正。

编　者

CONTENTS 目录

第1章 网店配色与商品色调风格调整 ·········· 001

1.1 认识网店色彩 ··········· 002
1.2 色彩原理 ··········· 003
1.3 色彩理论 ··········· 004
  1.3.1 色彩与视觉原理 ········· 004
  1.3.2 色彩分类 ········· 005
  1.3.3 色彩三要素 ········· 008
1.4 颜色管理 ··········· 011
  1.4.1 识别色域范围外的颜色 ········· 012
  1.4.2 色彩模式 ········· 013
  1.4.3 色彩模式转换 ········· 016
  1.4.4 调整颜色建议 ········· 016
1.5 网页安全色 ··········· 017
1.6 网店配色 ··········· 018
  1.6.1 自定义页面的主色与辅助色 ········· 018

  1.6.2 网店色调与配色 ········· 020
  1.6.3 色彩推移 ········· 032
  1.6.4 色彩采集 ········· 034
1.7 网店页面色彩分类 ··········· 035
  1.7.1 静态色彩与动态色彩 ········· 035
  1.7.2 强调色彩 ········· 035
1.8 色彩与网店页面 ··········· 036
  1.8.1 色彩对比 ········· 036
  1.8.2 色彩调和 ········· 044
1.9 商品色调风格调整 ··········· 045
  1.9.1 通过"色相/饱和度"更换网拍商品的
     颜色 ········· 045
  1.9.2 通过"色阶"挽救曝光不足的商品
     照片 ········· 047
  1.9.3 通过"通道混合器"调整商品色调 ····· 048

第2章 网店商品整体调整 ·········· 051

2.1 宝贝外观校正 ··········· 052
  2.1.1 横幅与直幅之间的转换 ········· 052
  2.1.2 校正倾斜图片 ········· 053
  2.1.3 校正透视图像 ········· 056
  2.1.4 校正拍摄时产生的晕影 ········· 057
  2.1.5 缩小图片以便于上传 ········· 058
  2.1.6 将多个商品照片裁成统一大小 ········· 060
2.2 商品照片瑕疵修复 ··········· 062
  2.2.1 清除照片中的日期 ········· 062

  2.2.2 去掉网拍产品中多余的部分 ········· 063
  2.2.3 修复照片中的污渍 ········· 065
  2.2.4 对服装模特面部进行磨皮美容 ········· 067
2.3 为图片添加属于自己的版权 ··········· 069
  2.3.1 为商品添加保护线 ········· 069
  2.3.2 为商品图像添加文字水印 ········· 071
  2.3.3 为商品添加图像商标或图像水印 ········· 072
  2.3.4 快速为多个商品添加文字水印 ········· 074
  2.3.5 为商品图像添加情趣对话 ········· 077

第3章 商品图片更换背景 ·········· 080

3.1 选区抠图替换背景 ··········· 081
  3.1.1 规则几何形状选区替换背景 ········· 081
  3.1.2 不规则选区替换背景 ········· 083
  3.1.3 智能工具替换背景 ········· 086
3.2 路径抠图替换背景 ··········· 089
  3.2.1 路径的创建 ········· 089
  3.2.2 将路径转换为选区 ········· 090
  3.2.3 通过路径为女性人物抠图替换背景 ····· 091

3.3 通道抠图替换背景 ··········· 095
  3.3.1 通道的编辑 ········· 095
  3.3.2 使用通道为透明婚纱抠图替换背景 ····· 096
3.4 蒙版抠图替换背景 ··········· 098
  3.4.1 快速蒙版抠图替换背景 ········· 098
  3.4.2 图层蒙版抠图 ········· 101
3.5 综合抠图替换背景 ··········· 104

第4章 网店视觉细节 ·············· 105

4.1 统一间距与对齐 ·············106
4.2 统一边框 ·················107
    4.2.1 按图片颜色为其添加边框 ······· 107
    4.2.2 细致调整图像背景的边缘 ······· 108
    4.2.3 统一边框样式 ·············· 110
    4.2.4 商品图片边框的制作 ·········· 111
4.3 为商品添加标签 ···········113
4.4 放大商品的局部特征 ········115
4.5 调整细节增加商品视觉效果 ····118
    4.5.1 添加倒影与阴影丰富商品图片 ··· 119
    4.5.2 图像的构图类型 ············ 121
4.6 将模糊照片调清晰 ·········124

第5章 网店中可用于装修元素的设计与制作 ·········· 126

5.1 店标的设计与制作 ·········127
    5.1.1 静态旺铺店标设计 ··········· 127
    5.1.2 动态旺铺店标设计 ··········· 131
5.2 店招的设计与制作 ·········134
5.3 宝贝分类的设计与制作 ······138
    5.3.1 宝贝分类设计 ·············· 139
    5.3.2 子宝贝分类设计 ············ 142
5.4 自定义促销区的设计与制作 ···144
    5.4.1 全屏通栏广告设计 ··········· 145
    5.4.2 淘宝标准通栏广告设计 ········ 150
    5.4.3 750 广告设计 ·············· 152
    5.4.4 190 广告设计 ·············· 154
    5.4.5 商品详情页设计 ············ 157
5.5 店铺公告模板的设计与制作 ···161
    5.5.1 750 店铺公告模板设计 ········ 161
    5.5.2 750 店铺公告动态模板设计 ····· 162
5.6 店铺收藏与联系我们的设计与制作 ···165
    5.6.1 店铺收藏图片设计与制作 ······ 165
    5.6.2 联系我们图片设计与制作 ······ 166

第6章 网店店铺装修实战与宝贝发布 ·········· 168

6.1 改变店铺名称 ············168
6.2 应用或更换店标 ··········169
6.3 统一店铺的样式 ··········171
6.4 应用与更换店招 ··········172
6.5 制作全屏通栏店招背景 ······175
6.6 焦点图应用 ·············176
    6.6.1 标准焦点图应用 ············ 176
    6.6.2 全屏焦点图应用 ············ 181
6.7 自定义广告应用 ··········185
    6.7.1 标准通栏广告应用 ··········· 185
    6.7.2 全屏广告应用 ·············· 188
    6.7.3 750 广告与 190 广告应用 ······· 191
6.8 宝贝分类的使用 ··········195
    6.8.1 应用宝贝分类 ·············· 195
    6.8.2 应用子宝贝分类 ············ 198
6.9 店铺公告模板的使用 ········200
6.10 店铺收藏的应用 ··········204
6.11 联系我们的应用 ··········208
6.12 详情页广告的应用 ·········216

第1章
网店配色与商品色调风格调整

本章重点

- ✔ 认识网店色彩
- ✔ 色彩原理
- ✔ 色彩理论
- ✔ 颜色管理
- ✔ 网页安全色
- ✔ 网店配色
- ✔ 网店页面色彩分类
- ✔ 色彩与网店页面
- ✔ 商品色调风格调整

对于网店而言，能够左右其风格的重要因素就是该店铺的色彩格调。进入店铺以后，能够对买家形成第一印象的重要因素就是网店页面的色彩，一个网店拥有漂亮的颜色配比，比其他任何设计因素都重要，因为色彩是主导买家视觉的第一因素，它不但可以给买家留下深刻的印象，而且还可以产生很强烈的视觉效果。所以装修店铺时在色彩格调的使用上需要深思熟虑。但是，并不是每个人都能够通过天生的色彩感在脑海中勾勒出比较好的色彩搭配，而是需要通过孜孜不倦的学习和脚踏实地的训练，才能够提高后天的色彩感。

本章就为大家介绍色彩与网店配色的基本知识以及网店中商品色调风格的调整，使整体店铺看起来更加吸引目光，从而为促成最终的交易起到至关重要的作用。如图1-1所示为统一色调的毛绒玩具店铺。

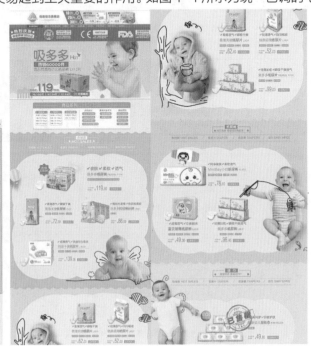

图1-1 统一色彩风格的店铺

1.1 认识网店色彩

打开浏览器，在地址栏中输入经常光顾的店铺地址，或在淘宝中直接进行店铺搜索，在店铺页面还没显示出来之前我们就会在"印象储存"中看到网店页面的色彩了，因为页面中刺激记忆最初、最持久的元素就是色彩搭配了。失去了色彩，人们就会失去娱乐的气氛、快乐的心情，色彩是人们生活中多姿多彩的表现，是互联网生机的来源。

淘宝网页店铺的装修是一种特殊的视觉设计，对色彩的依赖性很高，一个店铺如果想吸引买家的话，好的色彩搭配是必不可少的，如果缺少了色彩就会使整个店铺变得没有生机，不引人注意。色彩设计还是店铺风格设计的决定性因素之一。如图1-2所示，通过色彩搭配能够将网店中女孩喜欢的毛绒玩具店铺气息凸显得更加浓重，网店中无论是主色还是背景色都是以粉色调色彩搭配，当浏览者观看后相信不仅对此页面印象深刻，而且还会回味无穷，反之如果页面中的色彩搭配与女孩喜欢的毛绒玩具不够合理，会使访问者浮躁不安，甚至会产生厌烦的感觉。

图 1-2 色彩

1.2 色彩原理

 　　了解如何创建颜色以及如何将颜色相互关联，可以让你在 Photoshop 中更有效地工作。只有对基本颜色理论有所了解，才能使作品生成一致的结果，而不是偶然获得某种效果。在创建颜色的过程中，可以依据加色原色（RGB）、减色原色（CMYK）和色轮来完成最终效果。

 　　加色原色是指三种色光（红色、绿色和蓝色），当按照不同的组合将这三种色光添加在一起时，可以生成可见色谱中的所有颜色。添加等量的红色、蓝色和绿色光可以生成白色。完全缺少红色、蓝色和绿色光将导致生成黑色。计算机的显示器是使用加色原色来创建颜色的设备，如图 1-3 所示。

 　　减色原色是指按照不同的组合将一些颜料添加在一起时，可以创建一个色谱。与显示器不同，打印机使用减色原色（青色、洋红色、黄色和黑色颜料）并通过减色混合来生成颜色。使用"减色"这个术语是因为这些原色都是纯色，将它们混合在一起后生成的颜色都是原色的不纯版本。例如，橙色是通过将洋红色和黄色进行减色混合创建的，如图 1-4 所示。

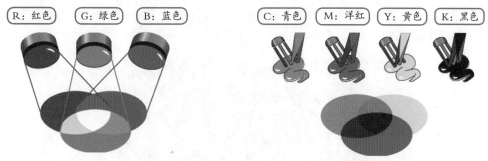

图 1-3 加色原色（RGB 颜色）　　　　　　　图 1-4 减色原色（CMYK 颜色）

 　　如果第一次调整颜色分量，在处理色彩平衡时，手头有一个标准色轮图表会很有帮助。可以使用色轮来预测一个颜色分量中的更改如何影响其他颜色，并了解这些更改如何在 RGB 和 CMYK 颜色模型之间转换。

 　　例如，通过增加色轮中相反颜色的数量，可以减少图像中某一颜色的数量，反之亦然。在标准色轮上，处于相对位置的颜色被称作补色。同样，通过调整色轮中两个相邻的颜色，甚至将两个相邻的颜色调整为其相反的颜色，可以增加或减少一种颜色。

 　　在 CMYK 图像中，可以通过减少洋红色数量或增加其互补色的数量来减淡洋红色，洋红色的互补色为绿色（在色轮上位于洋红色的相对位置）。在 RGB 图像中，可以通过删除红色和蓝色或通过添加绿色来减少洋红。所有这些调整都会得到一个包含较少洋红的整体色彩平衡，如图 1-5 所示。

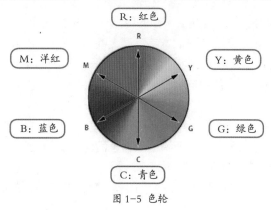

图 1-5 色轮

1.3 色彩理论

色彩的美感能够提供给人精神和心理方面的享受，人们都会按照自己的偏好与习惯去选择乐于接受的色彩，用于满足各个方面的需求。而我们是如何感知颜色的呢？色彩又是由什么来决定的呢？下面就详细讲解色彩与视觉原理以及色彩的三要素。

1.3.1 色彩与视觉原理

色彩与视觉直接体现的是通过大自然的光源将实物的颜色直接用眼睛感受视觉效果，光与色是并存的关系，有光才有色。色彩感觉离不开光。

1. 光与可见光谱

光在物理学上是一种电磁波。从 0.39 μm 到 0.77 μm 波长之间的电磁波，才能引起人们的色彩视觉感受，此范围称为可见光谱。可见光引入三棱镜后，光线会被分离为红、橙、黄、绿、青、蓝、紫，因此自然光是七色光的混合，如图 1-6 所示。波长大于 0.77 μm 称红外线，波长小于 0.39 μm 称紫外线。

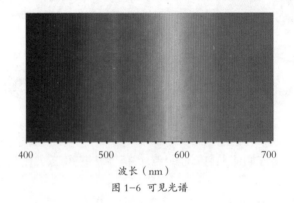

波长（nm）

图 1-6 可见光谱

2. 光的传播

光是以波动的形式进行直线传播的，具有波长和振幅两个因素。不同长短的波长会产生色相差别，不同强弱的振幅会产生同一色相的明暗差别。光在传播时有直射、反射、透射、漫射、折射等多种形式。光直射时直接传入人眼，视觉感受到的是光源色。当光源照射物体时，光从物体表面反射出来，人眼感受到的是物体表面的色彩。当光照射时，如遇玻璃之类的透明物体，人眼看到的是透过物体的穿透色。光在传播的过程中，受到物体的干涉时，则会产生漫射，对物体的表面色有一定影响。如果通过不同物体时，就会产生方向变化，称为折射，反映至人眼的色光与物体色相同。

自然界的物体五花八门、变化万千，它们本身虽然大都不会发光，但都具有选择性地吸收、反射、透射色光的特性。当然，任何物体对色光不可能全部吸收或反射，因此实际上不存在绝对的黑色或白色。

常见的黑、白、灰物体色中，白色的反射率是 64%～92.3%，灰色的反射率是 10%～64%，黑色的吸收率是 90% 以上。

物体对色光的吸收、反射或透射能力，很受物体表面肌理状态的影响。表面光滑、平整、细腻的物体，对色光的反射较强，如镜子、磨光石面、丝绸织物等；表面粗糙、凹凸、疏松的物体，易使光线产生漫射现象，故对色光的反射较弱，如毛玻璃、呢绒、海绵等。

物体对色光的吸收与反射能力虽然是固定不变的，但是物体的表面色却会随着光源色的不同而改变，有时甚至失去其原有的色相感觉。所谓物体的"固有色",实际上不过是常光下人们对此的习惯而已。如在闪烁、强烈的各色霓虹灯光下,所有的建筑、人物的服装以及屋内的摆设几乎都失去了原有本色而显得奇异莫测,如图 1-7 所示。另外,光照的强度及角度对物体色也有影响。

图 1-7 灯光与屋内陈设混合的颜色

1.3.2 色彩分类

色彩在具体的分类中可以分为无彩色和有彩色两种。

1. 无彩色

无彩色指的是由黑、白相混合组成的不同灰度的灰色系列,此颜色在光的色谱中是不能被看到的,所以被称为无彩色,如图 1-8 所示。

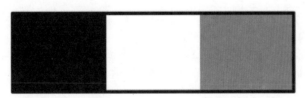

无彩色(黑、白、灰)
图 1-8 无彩色

由黑色和白色相搭配的网店,可以使内容更加清晰,此时可以是白底黑字,也可以是黑底白字,中间部分由灰色作为分割,可以使整体网店看起来更加一致,无彩色的背景可以与任何颜色进行搭配,如图 1-9 所示。

图 1-9　无彩色主调

2. 有彩色

凡带有某一种标准色倾向的颜色（也就是带有冷暖倾向的颜色），称为有彩色。光谱中的全部颜色都属有彩色。有彩色是无数的，它以红、绿、蓝为基本色。基本色之间不同量的混合，以及基本色与黑、白、灰（无彩色）之间不同量的混合，会产生成千上万种有彩色。一个略带红色的灰色属于有彩色，如图 1-10 所示。

有彩色是指除了从白到黑的一系列中性灰色以外的各种颜色，例如，红、黄、蓝、绿、紫等。有彩色除了具有一定的明度值以外，还具有彩度值（包括色调和鲜艳度）。

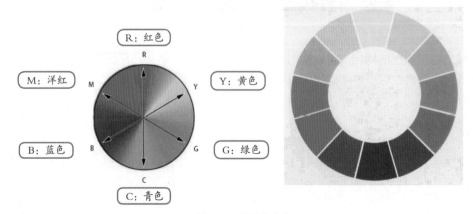

图 1-10　有彩色色轮

三原色：RGB 颜色模式是由红、绿、蓝三种颜色定义的原色，主要运用于电子设备中。例如，电视和电脑，在传统摄影中也有应用。在电子时代之前，基于人类对颜色的感知，RGB 颜色模型已经有了坚实的理论支撑，如图 1-11 所示。

在美术上又把红、黄、蓝定义为色彩三原色，如图 1-12 所示。品红加适量黄可以调出大红（红 =M100+Y100），而大红却无法调出品红；青加适量品红可以得到蓝（蓝 =C100+M100），而蓝加绿得到的却是不鲜艳的青；用黄、品红、青三色能调配出更多的颜色，而且纯正和鲜艳。用青加黄调出的绿（绿 =Y100+C100），比蓝加黄调出的绿更加纯正和鲜艳，而后者调出的却较为灰暗；品红加青调出的紫是很纯正的（紫 =C20+M80），而大红加蓝只能得到灰紫等。此外，从调配其他颜色的情况来看，都是以黄、品红、青为其原色，色彩更为丰富、色光更为纯正和鲜艳。

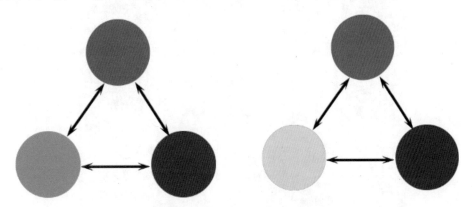

图 1-11 RGB　　　　　　　　　　　　图 1-12 美术中三原色

二次色：在 RGB 颜色模式中三原色的二次色为红色加绿色变为黄色、红色加蓝色变为紫色、蓝色加绿色变为青色；在绘画中三原色的二次色为红色加黄色变为橙色、黄色加蓝色变为绿色、蓝色加红色变为紫色，如图 1-13 和图 1-14 所示。

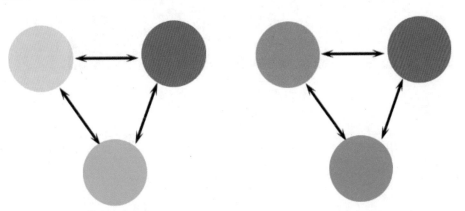

图 1-13 RGB 中二次色　　　　　　　　图 1-14 美术中二次色

通过有彩色装修的店铺更能在颜色中烘托出产品或为店铺增加一些喜气等，如图 1-15 所示的店铺为喜庆用品的店铺装修效果。

图 1-15 有彩色主调

1.3.3 色彩三要素

视觉所感知的一切色彩形象，都具有明度、色相和纯度（饱和度）三种性质，这三种性质是色彩最基本的构成元素。

1. 明度

明度指的是色彩的明暗程度。在无彩色中，明度最高的色为白色，明度最低的色为黑色，中间存在一个从亮到暗的灰色系列，如图 1-16 所示。在有彩色中，任何一种纯度色都有着自己的明度特征。例如，黄色为明度最高的色，处于光谱的中心位置；紫色是明度最低的色，处于光谱的边缘，一个彩色物体表面的光反射率越大，对视觉刺激的程度越大，看上去就越亮，这一颜色的明度就越高，如图 1-17 所示。

明度在三要素中具有较强的独立性，它可以不带任何色相的特征而通过黑白灰的关系单独呈现出来。色相与纯度则必须依赖一定的明暗才能显现，色彩一旦发生，明暗关系就会同时出现，在我们进行一幅素描的过程中，需要把对象的有彩色关系抽象为明暗色调，这就需要有对明暗的敏锐判断力。我们可以把这种抽象出来的明度关系看作色彩的骨骼，它是色彩结构的关键。

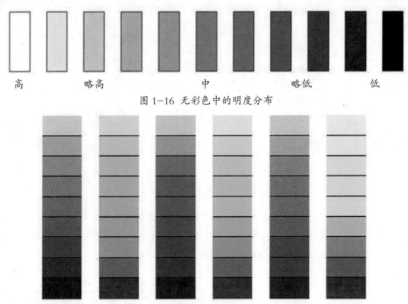

图 1-16 无彩色中的明度分布

图 1-17 有彩色中的明度分布

提 示

在网店装修中，明度的应用主要是当使用同一颜色时不同明暗的网页效果。

2. 色相

色相指的是色彩的相貌。在可见光谱上，人眼能感受到红、橙、黄、绿、蓝、紫这些不同特征的色彩，人们给这些可以相互区别的色彩定出名称，当我们称呼其中某一色彩的名称时，就会有一个特定的色彩印象，这就是色相的概念。正是由于色彩具有这种具体相貌的特征，我们才能感受到一个五彩缤纷的世界。

如果说明度是色彩隐秘的骨骼，色相就很像色彩外表的华美肌肤。色相体现着色彩外向的性格，是色彩的灵魂。

在可见光谱中，红、橙、黄、绿、蓝、紫每一种色相都有自己的波长与频率，它们从短到长按顺序排列，就像音乐中的音阶顺序，秩序而和谐。大自然偶然会将这个光谱的秘密显露给我们，那就是雨后的彩虹。它是自然中最美的景象，光谱中的色相发射着色彩的原始光辉，它们构成了色彩体系中的基本色相。

最初的基本色相为红、橙、黄、绿、蓝、紫。在各色中间加插一两个中间色，其头尾色相，按光谱顺序为红、红橙、橙、黄橙、黄、黄绿、绿、蓝绿、蓝、蓝紫、紫、红紫。在相邻的两个基本色相中间再加一个中间色，可得到十二基本色相，如图 1-18 所示。

这十二色相的色调变化，在光谱色感上是均匀的。如果进一步再找出其中间色，便可以得到二十四个色相，如图 1-19 所示。

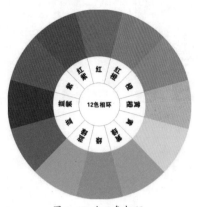

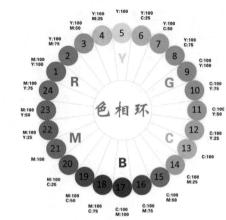

1–14
4–15
6–16
8–18
10–21
12–23
互为补色

图 1-18 十二色相环　　　　　　　　　　　　图 1-19 二十四色相环

提示

　　在网店装修中，色相的应用主要是使用不同的颜色制作出冷暖色调效果的页面，如图 1-20 所示的店面分别为冷暖色调。

图 1-20 不同商品对应的冷暖色调

3. 纯度

　　纯度指的是色彩的鲜艳程度，它取决于一种颜色的波长单一程度。人的视觉能辨认出的有色相感的颜色，都具有一定程度的鲜艳度。例如红色，当它混入了白色后，虽然仍旧具有红色相的特征，但它的鲜艳度降低了，明度提高了，成为淡红色；当它混入黑色时，鲜艳度也降低了，明度变暗，成为暗红色；当混入与红色明度相似的中性灰时，它的明度没有改变，纯度降低了，成为灰红色，如图 1-21 所示的图像为纯色色标。

图 1-21 纯度色标

不同的色相不但明度不同，纯度也不相同，例如纯度最高的色是红色，黄色纯度也较高，但绿色就不同了，它的纯度几乎才达到红色的一半左右。

在人的视觉所能感受的色彩范围内，绝大部分是非高纯度的色，也就是说，大量都是含灰的色，有了纯度的变化，才使色彩显得极其丰富。

纯度体现了色彩内向的品格。同一个色相，即使纯度发生了细微的变化，也会立即带来色彩性格的变化，如图 1-22 所示的图像为纯度和纯度环对比图。

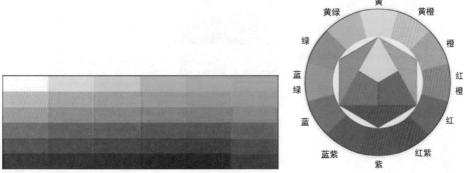

图 1-22 纯度和纯度环对比图

提示

在网店装修中，纯度的应用主要用在为色调增加或降低鲜艳度的网页中。

1.4 颜色管理

网店的页面设计属于网页设计，最终都是通过输出设备——显示器呈现最终效果。颜色管理是使颜色空间保持一致的过程。也就是说，作为一幅图像，在不同的显示器中显示、RGB 和 CMYK 模式之间转换、在不同的应用程序中被打开或在不同的外部设备中打印，都应保持精确一致。

Photoshop 管理颜色的一种方法就是通过使用国际协会（ICC）概貌来管理颜色。一个 ICC 概貌描述了颜色空间，这种颜色空间可以是显示器使用的特殊 RGB 颜色空间，也可以是编辑图像采用的 RGB 颜色空间，还可以是选择打印的彩色激光打印机的 CMYK 空间。ICC 概貌正在变为图形工业的一个标准，可以帮助你在不同的平台、设备、ICC 兼容应用程序（例如 Photoshop 和 InDesign）之间很容易地精确复制颜色。一旦指定了概貌，Photoshop 就可以将它们嵌入到图像文件中，这样 Photoshop 和其他能够使用 ICC 概貌的应用程序就能以图像文件里的 ICC 概貌来自动管理图像的颜色。

1.4.1 识别色域范围外的颜色

大多数扫描的照片在 CMYK 色域里都包含 RGB 颜色，将图像转换为 CMYK 模式会轻微地改变这些颜色。数字化创建的图像经常包含 CMYK 颜色色域以外的 RGB 颜色。

注意

色域范围以外的颜色可以被颜色面板、拾色器和信息面板里颜色样本旁边的惊叹号来标识，如图 1-23 所示。

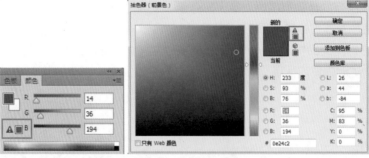

图 1-23 加色原色（RGB 颜色）

查看当前图片是否存在色域范围外的颜色，可以通过 Photoshop 来完成，色域外的颜色指的是打印时超出颜色范围，识别方法如下。

操作步骤

01 启动 Photoshop，打开一张蛋糕图片，如图 1-24 所示。

02 执行菜单"视图 / 色域警告"命令，Photoshop 将创建一个颜色转换表并用中性灰色显示在色域以外的颜色，如图 1-25 所示。

图 1-24 素材　　　　　　　图 1-25 色域警告

03 为了将颜色放到 CMYK 色域中，只要执行菜单"图像 / 模式 /CMYK 模式"命令，此时色域警告的颜色就会消失，效果如图 1-26 所示。

图 1-26 转换为 CMYK 模式

1.4.2 色彩模式

色彩模式决定显示和打印电子图像的色彩模型(简单说色彩模型是用于表现颜色的一种数学算法),即一幅电子图像用什么方式在计算机中显示或打印输出。常见的色彩模式包括位图模式、灰度模式、双色调模式、HSB(表示色相、饱和度、亮度)模式、RGB(表示红、绿、蓝)模式、CMYK(表示青、洋红、黄、黑)模式、Lab 模式、索引色模式、多通道模式以及 8 位 /16 位模式,每种模式的图像描述和重现色彩的原理以及所能显示的颜色数量是不同的。色彩模式除确定图像中能显示的颜色数量以外,还影响图像的通道数量和文件大小。这里提到的通道也是 Photoshop 中的一个重要概念,每个 Photoshop 图像具有一个或多个通道,每个通道都存放着图像中颜色元素的信息。图像中默认的颜色通道数量取决于其色彩模式。例如,CMYK 图像至少有 4 个通道,分别代表青、洋红、黄和黑色信息,如图 1-27 所示。

图 1-27 通道

1. 灰度模式

灰度模式只存在灰度,它由 0~256 个灰阶组成。当一个彩色图像转换为灰度模式时,图像中的色相和饱和度等有关色彩信息将被消除掉,只留下亮度。亮度是唯一能影响灰度图像的因素。当灰度值为 0(最小值)时,生成的颜色是黑色;当灰度值为 255(最大值)时,生成的颜色是白色。如图 1-28 所示的图像为彩色图像、图 1-29 所示的图像为灰度模式黑白图像。

图 1-28 彩色图像

图 1-29 灰度模式

提示

在 Photoshop 中执行菜单"图像 / 模式 / 灰度"命令,即可将彩色图像变为灰度模式的图像,转换时会弹出如图 1-30 所示的"信息"对话框。

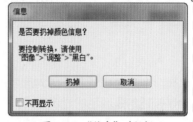

图 1-30 "信息"对话框

2.RGB 颜色模式

在 Photoshop 中 RGB 颜色模式使用 RGB 模型,并为每个像素分配一个强度值。在 8 位 / 通道的图像中,彩色图像的每个 RGB(红色、绿色、蓝色)分量的强度值为 0(黑色)到 255(白色)。

例如，亮绿色的 R 值可能为 10，G 值为 250，而 B 值为 20。当所有 3 个分量的值相等时，结果是中性灰度级。当所有分量的值均为 255 时，结果是纯白色；当这些值都为 0 时，结果是纯黑色。RGB 颜色模式是 Photoshop 最常用的一种模式，在 RGB 颜色模式中 3 种颜色叠加时会自动映射出纯白色，如图 1-31 所示。

图 1-31 RGB 颜色模式显示两种以上叠加时的效果

3.CMYK 颜色模式

CMYK 代表印刷上用的 4 种颜色，C 代表青色（Cyan），M 代表洋红色（Magenta），Y 代表黄色（Yellow），K 代表黑色（Black）。因为在实际应用中青色、洋红色和黄色很难叠加形成真正的黑色，最多不过是褐色而已，所以才引入了黑色。黑色的作用是强化暗调，加深暗部色彩，如图 1-32 所示。

在 CMYK 模式下，可以为每个像素的每种印刷油墨指定一个百分比值。为最亮（高光）颜色指定的印刷油墨颜色百分比较低；而为较暗（阴影）颜色指定的百分比较高。例如，亮红色可能包含 2% 青色、93% 洋红、90% 黄色和 0% 黑色。在 CMYK 图像中，当 4 种分量的值均为 0% 时，就会产生纯白色。

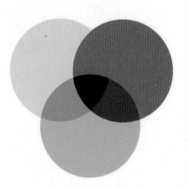

图 1-32 CMYK 颜色模式

尽管 CMYK 是标准颜色模型，但是其准确的颜色范围随印刷和打印条件而变化。Photoshop 中的 CMYK 颜色模式会因在"颜色设置"对话框中指定的工作空间的设置而不同。

当我们想把网店装修的效果打印出来拿给别人看时，一定要把 RGB 转换为 CMYK 后再进行打印。

4.Lab 颜色模式

Lab 颜色模式基于人对颜色的感觉，Lab 中的数值描述正常视力的人能够看到的所有颜色。因为 Lab 描述的是颜色的显示方式，而不是设备（如显示器、桌面打印机或数码相机）生成颜色所需的特定色料的数量，所以 Lab 被视为与设备无关的颜色模式。颜色管理系统使用 Lab 作为色标，以将颜色从一个色彩空间转换到另一个色彩空间。

Lab 颜色模式的亮度分量 (L) 范围是 0 到 100。在 Adobe 拾色器和"颜色"调板中，a 分量（绿色 – 红色轴）和 b 分量（蓝色 – 黄色轴）的范围是 +127 到 –128，如图 1-33 所示。

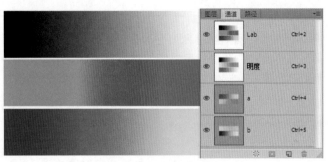

图 1-33 Lab 颜色模式

提 示

Lab 色彩空间涵盖了 RGB 和 CMYK。

5. 索引颜色模式

索引颜色模式可以生成最多 256 种颜色的 8 位图像文件。当转换为索引颜色时，Photoshop 将构建一个颜色查找表 (CLUT)，用于存放并索引图像中的颜色。如果原图像中的某种颜色没有出现在该表中，程序就将选取最接近的一种，或使用仿色来模拟该颜色。

尽管其调色板很有限，但是索引颜色能够在保持多媒体演示文稿、Web 页等所需的视觉品质的同时，减少文件大小。在这种模式下只能进行有限的编辑，要想进一步进行编辑，应该临时转换为 RGB 模式。索引颜色文件可以存储为 Photoshop、BMP、DICOM、GIF、Photoshop EPS、大型文档格式 (PSB)、PCX、Photoshop PDF、Photoshop Raw、Photoshop 2.0、PICT、PNG、Targa 或 TIFF 格式。

在将一个 RGB 颜色模式的图像转换成索引颜色模式时，会弹出如图 1-34 所示的"索引颜色"对话框。

其中的各项含义如下。

调板：用来选择转换为索引模式时用到的调板。

图 1-34 "索引颜色"对话框

颜色：用来设置索引颜色的数量。

强制：在下拉列表中可以选择某种颜色并将其强制放置到颜色表中。

选项：用来控制转换索引颜色模式的选项。

杂边：用来设置填充与图像的透明区域相邻的消除锯齿边缘的背景色。

仿色：用来设置仿色的类型，包括无、扩散、图案、杂色。

数量：用来设置扩散的数量。

保留实际颜色：勾选此复选框后，转换成索引颜色模式后的图像将保留图像的实际颜色。

提 示

灰度模式与双色调模式可以直接转换成索引颜色模式。RGB 颜色模式转换成索引颜色模式时会弹出"索引颜色"对话框，设置相应参数后才能转换成索引颜色模式。转换为索引颜色模式后，图像会丢失一部分颜色信息，再转换为 RGB 颜色模式后，丢失信息不会复原。

注意

索引颜色模式的图像是 256 色以下的图像，在整幅图像中最多只有 256 种颜色，所以索引颜色模式的图像只可当作特殊效果或专业用途使用，而不能用于常规的印刷中。索引颜色模式的图像只能通过间接方式创建，而不能直接获得。

1.4.3 色彩模式转换

在 Photoshop 中，不同的模式有自己模式所特有的图像颜色效果，应用不同的图像颜色模式时所对应的颜色通道也是不同的，如图 1-35 所示。

RGB 颜色模式

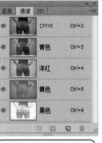

CMYK 颜色模式

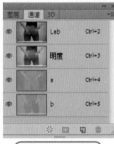

Lab 颜色模式

灰度模式

图 1-35 不同模式的颜色通道

提示

只有灰度模式才能转换双色调模式与位图模式。要想把其他颜色模式的图像转换为双色调模式或位图模式，必须要先将其转换成灰度模式后，再转换为双色调模式或位图模式。

提示

转换模式的过程有时会丢失很多的图像颜色细节，例如将彩色图像转换为索引颜色时会删除图像中的很多颜色信息，因此建议大家转换的同时最好备份一个副本。

1.4.4 调整颜色建议

在为商品网拍时，很多时候会涉及人物、场景等。这些拍摄的照片通常需要进一步的调整，此时就要了解一些为拍摄的照片进行色彩调整的相关技巧，具体可参考下表。

人物	发丝应当尽可能清晰，牙齿应当洁白，纯白会使图像失真，发黄或发灰看起来会觉得不舒服
织物	黑色或白色不要过于鲜亮，否则会失真。黄色的百分比太高会使白色显得灰暗，青色值太低会使红色发生振荡，黄色值太低会使蓝色发生振荡
户外景色	检查图像中的灰色物体，确保灰色没有偏色。对于天空色彩的调整，洋红和青色的关系决定天空的明暗，洋红增多时天空会由亮蓝变为墨蓝
雪景	雪不应该为纯白色，否则会丢失细节。应集中精力在高光区域添加细节
夜景	黑色区域不应该为纯黑色，否则会丢失细节。应集中精力在阴影区域添加细节

1.5　网页安全色

　　网页安全色是当红、绿、蓝的颜色数字信号值为 0、51、102、153、204、255 时构成的颜色组合，它一共有 6×6×6＝216 种颜色（其中彩色为 210 种，非彩色为 6 种），如图 1-36 所示。

　　216 网页安全色是指在不同的硬件环境、操作系统和浏览器中都能够正常显示的颜色集合（调色板），也就是说这些颜色在任何终端设备上的显示效果都是相同的。所以使用 216 网页安全色进行网页配色可以避免原有的颜色失真问题。

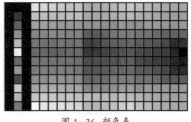

图 1-36　颜色表

　　详细的网页安全色如图 1-37 所示。

000000 R-000 G-000 B-000	333333 R-051 G-051 B-051	666666 R-102 G-102 B-102	999999 R-153 G-153 B-153	CCCCCC R-204 G-204 B-204	FFFFFF R-255 G-255 B-255	003333 R-000 G-051 B-051	336666 R-102 G-102 B-102	669999 R-153 G-153 B-153	99CCCC R-204 G-204 B-204	CCFFFF R-204 G-255 B-255	FF0000 R-255 G-000 B-000
000033 R-000 G-000 B-051	333300 R-051 G-051 B-000	666600 R-102 G-102 B-000	999900 R-153 G-153 B-000	CCCC00 R-204 G-204 B-000	FFFF00 R-255 G-255 B-000	003366 R-000 G-051 B-102	336699 R-051 G-102 B-153	6699CC R-102 G-153 B-204	99CCFF R-153 G-204 B-255	CCFF00 R-204 G-255 B-000	FF0033 R-255 G-000 B-051
000066 R-000 G-000 B-102	333366 R-051 G-051 B-102	666633 R-102 G-102 B-051	999933 R-153 G-153 B-051	CCCC33 R-204 G-204 B-051	FFFF33 R-255 G-255 B-051	003399 R-000 G-051 B-153	3366CC R-051 G-102 B-204	6699FF R-102 G-153 B-255	99CC00 R-153 G-204 B-000	CCFF33 R-204 G-255 B-051	FF0066 R-255 G-000 B-102
000099 R-000 G-000 B-153	333399 R-051 G-051 B-153	666699 R-102 G-102 B-153	999966 R-153 G-153 B-102	CCCC66 R-204 G-204 B-102	FFFF66 R-255 G-255 B-102	0033CC R-000 G-051 B-204	3366FF R-051 G-102 B-255	669900 R-102 G-153 B-000	99CC33 R-153 G-204 B-051	CCFF66 R-204 G-255 B-102	FF0099 R-255 G-000 B-153
0000CC R-000 G-000 B-204	3333CC R-051 G-051 B-204	6666CC R-102 G-102 B-204	9999CC R-153 G-153 B-204	CCCC99 R-204 G-204 B-153	FFFF99 R-255 G-255 B-153	0033FF R-000 G-051 B-255	336600 R-051 G-102 B-000	669933 R-102 G-153 B-051	99CC66 R-153 G-204 B-102	CCFF99 R-204 G-255 B-153	FF00CC R-255 G-000 B-204
0000FF R-000 G-000 B-255	3333FF R-051 G-051 B-255	6666FF R-102 G-102 B-255	9999FF R-153 G-153 B-255	CCCCFF R-204 G-204 B-255	FFFFCC R-255 G-255 B-204	0066FF R-000 G-051 B-255	339900 R-051 G-102 B-000	66CC33 R-102 G-153 B-051	99FF66 R-153 G-255 B-102	CC0099 R-204 G-000 B-153	FF33CC R-255 G-051 B-204
003300 R-000 G-051 B-000	336633 R-051 G-102 B-051	669966 R-102 G-153 B-102	99CC99 R-153 G-204 B-153	CCFFCC R-204 G-255 B-204	FF00FF R-255 G-000 B-255	0099FF R-000 G-153 B-255	33CC00 R-051 G-204 B-000	66FF33 R-102 G-255 B-051	990066 R-153 G-000 B-102	CC3399 R-204 G-051 B-153	FF66CC R-255 G-102 B-204
006600 R-000 G-102 B-000	339933 R-051 G-153 B-051	66CC66 R-102 G-204 B-102	99FF99 R-153 G-255 B-153	CC00CC R-204 G-000 B-204	FF33FF R-255 G-051 B-255	00CCFF R-000 G-204 B-255	33FF00 R-051 G-255 B-000	660033 R-102 G-000 B-051	993366 R-153 G-051 B-102	CC6699 R-204 G-102 B-153	FF99CC R-255 G-153 B-204
009900 R-000 G-153 B-000	33CC33 R-051 G-204 B-051	66FF66 R-102 G-255 B-102	990099 R-153 G-000 B-153	CC33CC R-204 G-051 B-204	FF66FF R-255 G-102 B-255	00CC33 R-000 G-204 B-051	33FF66 R-051 G-255 B-102	660099 R-102 G-000 B-153	9933CC R-153 G-051 B-204	CC66FF R-204 G-102 B-255	FF9900 R-255 G-153 B-000
00CC00 R-000 G-204 B-000	33FF33 R-051 G-255 B-051	660066 R-102 G-000 B-102	993399 R-153 G-051 B-153	CC66CC R-204 G-102 B-204	FF99FF R-255 G-153 B-255	00CC33 R-000 G-204 B-051	33FF66 R-051 G-255 B-102	660099 R-102 G-000 B-153	9933CC R-153 G-051 B-204	CC66FF R-204 G-102 B-255	FF9900 R-255 G-153 B-000
00FF00 R-000 G-255 B-000	330033 R-051 G-000 B-051	663366 R-102 G-051 B-102	996699 R-153 G-102 B-153	CC99CC R-204 G-153 B-204	FFCCFF R-255 G-204 B-255	00CC66 R-000 G-204 B-102	33FF99 R-051 G-255 B-153	6600CC R-102 G-000 B-204	9933FF R-153 G-051 B-255	CC6600 R-204 G-102 B-000	FF9933 R-255 G-153 B-051
00FF33 R-000 G-255 B-051	330066 R-051 G-000 B-102	663399 R-102 G-051 B-153	9966CC R-153 G-102 B-204	CC99FF R-204 G-153 B-255	FFCC00 R-255 G-204 B-000	00CC99 R-000 G-204 B-153	33FFCC R-051 G-255 B-204	6600FF R-102 G-000 B-255	993300 R-153 G-051 B-000	CC6633 R-204 G-102 B-051	FF9966 R-255 G-153 B-102
00FF66 R-000 G-255 B-102	330099 R-051 G-000 B-153	6633CC R-102 G-051 B-204	9966FF R-153 G-102 B-255	CC9900 R-204 G-153 B-000	FFCC33 R-255 G-204 B-051	009933 R-000 G-153 B-051	33CC66 R-051 G-204 B-102	66FF99 R-102 G-255 B-153	9900CC R-153 G-000 B-204	CC33FF R-204 G-051 B-255	FF6600 R-255 G-102 B-000
00FF99 R-000 G-255 B-153	3300CC R-051 G-000 B-204	6633FF R-102 G-051 B-255	993300 R-153 G-102 B-000	CC9933 R-204 G-153 B-051	FFCC66 R-255 G-204 B-102	006633 R-000 G-102 B-051	339966 R-051 G-153 B-102	66CC99 R-102 G-204 B-153	99FFCC R-153 G-255 B-204	CC00FF R-204 G-000 B-255	FF3300 R-255 G-051 B-000
00FFCC R-000 G-255 B-204	3300FF R-051 G-000 B-255	663300 R-102 G-051 B-000	998633 R-153 G-102 B-051	CC9966 R-204 G-153 B-102	FFCC99 R-255 G-204 B-153	009966 R-000 G-153 B-102	33CC99 R-051 G-204 B-153	66FFCC R-102 G-255 B-204	9900FF R-153 G-000 B-255	CC3300 R-204 G-051 B-000	FF6633 R-255 G-102 B-051
00FFFF R-000 G-255 B-255	330000 R-051 G-000 B-000	663333 R-102 G-051 B-051	996666 R-153 G-102 B-102	CC9999 R-204 G-153 B-153	FFCCCC R-255 G-204 B-204	0099CC R-000 G-153 B-204	33CCFF R-051 G-204 B-255	66FF00 R-102 G-255 B-000	990033 R-153 G-000 B-051	CC3366 R-204 G-051 B-102	FF6699 R-255 G-102 B-153
00CCCC R-000 G-204 B-204	33FFFF R-051 G-255 B-255	660000 R-102 G-000 B-000	993333 R-153 G-051 B-051	CC6666 R-204 G-102 B-102	FF9999 R-255 G-153 B-153	0066CC R-000 G-102 B-204	3399FF R-051 G-153 B-255	66CC00 R-102 G-204 B-000	99FF33 R-153 G-255 B-051	CC0066 R-204 G-000 B-102	FF3399 R-255 G-051 B-153
009999 R-000 G-153 B-153	33CCCC R-051 G-204 B-204	66FFFF R-102 G-255 B-255	990000 R-153 G-000 B-000	CC3333 R-204 G-051 B-051	FF6666 R-255 G-102 B-102						
006666 R-000 G-102 B-102	339999 R-051 G-153 B-153	66CCCC R-102 G-204 B-204	99FFFF R-153 G-255 B-255	CC0000 R-204 G-000 B-000	FF3333 R-255 G-051 B-051	006699 R-000 G-102 B-153	3399CC R-051 G-153 B-204	66CCFF R-102 G-204 B-255	99FF00 R-153 G-255 B-000	CC0033 R-204 G-000 B-051	FF3366 R-255 G-051 B-102

图 1-37　颜色表

1.6 网店配色

在网店页面设计中，色彩搭配是树立网店形象的关键，好的店面色彩处理可以使页面锦上添花，同时达到事半功倍的效果。色彩搭配一定要合理，要与产品相符合，这样会给人一种和谐、愉快的感觉，在搭配时一定要避免使用容易使人产生视觉疲劳的纯度过高的单一色彩。

1.6.1 自定义页面的主色与辅助色

一个店面的主色与辅助色是页面传达给购买者的第一视觉，所以一定要使色彩与产品相呼应，在店面中能够定义为主色的是整体的色调，也就是色彩面积最大的色系，其次是辅助色和点缀色，在页面中起到陪衬、点缀的作用，如图 1-38 所示。

主色		辅助色		文字颜色	
	黄色		红色		白色

图 1-38　自定义颜色

网店中将文字与主色调合理搭配，会直接提升整体页面的视觉效果，下面就详细讲解网店主色与文字色彩的搭配，具体可以参考下表。

颜色图标	颜色十六进制值	文字颜色搭配
	# F1FAFA	适合做正文的背景色，比较淡雅。配以同色系的蓝色、深灰色或黑色文字都很好
	# E8FFE8	适合做标题的背景色，搭配同色系的深绿色标题或黑色文字
	# E8E8FF	适合做正文的背景色，文字颜色用黑色比较和谐、醒目
	# 8080C0	配黄色或白色文字较好
	# E8D098	配浅蓝色或蓝色文字较好
	# EFEFDA	配浅蓝色或红色文字较好
	# F2F1D7	配黑色文字素雅，如果是红色则显得醒目
	# 336699	配白色文字好看些
	# 6699CC	配白色文字好看些，可以做标题
	# 66CCCC	配白色文字好看些，可以做标题
	# B45B3E	配白色文字好看些，可以做标题
	# 479AC7	配白色文字好看些，可以做标题
	# 00B271	配白色文字好看些，可以做标题
	# FBFBEA	配黑色文字比较好看，一般作为正文
	# D5F3F4	配黑色文字比较好看，一般作为正文
	# D7FFF0	配黑色文字比较好看，一般作为正文
	# F0DAD2	配黑色文字比较好看，一般作为正文
	# DDF3FF	配黑色文字比较好看，一般作为正文

提示　通过上面的颜色配比表，可以大大减少制作者的网页配色时间，在当前的基础上还可以发挥想象力，搭配出更有新意、更醒目的颜色，使自己的店面更具有竞争力。

1.6.2 网店色调与配色

色彩与人的心理感觉和情绪有一定的关系，利用这一点可以在设计时形成自己独特的色彩效果，从而给浏览的买家留下深刻印象，加大产品的售出概率。不同的色系在网店中也会拥有自己的独特之处，网店色调分类主要有按照色相分类和按照印象分类两种。

1. 按照色相分类

常见的色彩搭配按照色相的顺序归类。每类都以该色相为主，配以其他色相或者同色相，应用对比和调和的方法，并按照从轻快到浓烈的顺序排序。

(1) 红色

红色的色感温暖，性格刚烈而外向，是一种对人刺激性很强的颜色。红色容易引起人的注意，也容易使人兴奋、激动、紧张、冲动，还是一种容易造成人视觉疲劳的颜色。

在网页颜色的应用概率中，根据网页主题内容的需求，纯粹使用红色为主色调的网站相对较少，多用于辅助色、点睛色，达到陪衬、醒目的效果。通常都配以其他颜色调和。

在众多颜色中，红色是最鲜明生动的、最热烈的颜色，因此红色也是代表热情的情感之色。常见的红色配色方案如图 1-39 所示。

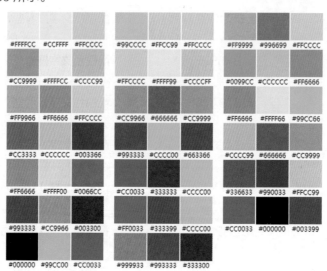

图 1-39 红色搭配

提示　红色可以和蓝色（带红的蓝）混合成紫色，可以和黄色混合成橙色，红色和绿色是对比色，红色的补色是青色。红色是三原色之一，它能和绿色、蓝色调出任意色彩。

应用红色系的网店多数以婚庆产品为主，还会出现在女装、美容化妆品或店庆页面中，主要目的是醒目，提醒大家注意，从而吸引买家目光来产生交易，通过配色产生的粉色页面会给人一种温馨的感觉，如图 1-40 所示。

(2) 橙色

橙色具有轻快、欢乐、收获、温馨、时尚的效果，是快乐、喜悦、能量的色彩。橙色，又称橘色，为二次颜料色，是红色与黄色的混合，得名于橙子的颜色。在光谱上，橙色介于红色和黄色之间。

橙色在空气中的穿透力仅次于红色，而色感较红色更暖，最鲜明的橙色应该是色彩中感受最暖的色，能给人以庄严、尊贵、神秘等感觉，所以基本上属于心理色彩。历史上许多权贵和宗教界都用橙色装点自己，在现代社会橙色往往作为标志色和宣传色，橙色明视度高，在工业安全用色中橙色即是警戒色，例如火车头、登山服、背包、救生衣等。橙色一般可作为喜庆的颜色，同时也可作为富贵色，例如皇宫里的许多装饰。红、橙、黄三色，均称暖色，属于醒目和容易引起食欲的颜色。橙色可作为餐厅的布置色，在餐厅里多用橙色可以增加食欲。常见的橙色配色方案如图 1-41 所示。

图 1-40 红色系网店

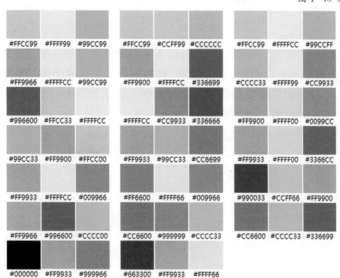

图 1-41 橙色搭配

提示

橙色的对比色是蓝色，当这两种颜色的彩度倾向越明确，对比强度就越大。但我们也看到，除了正宗的对比色橙蓝色外，橙色和绿色随着纯度的升高，达到的对比效果也很强烈。

　　橙色主要应用于与食物有关的店面中，由于橙色也是积极活跃的色彩，除了食物还会经常用在家具用品、时尚品牌、运动以及儿童玩具等网店中。如图 1-42 所示的图像是橙色与黄色等邻近色搭配的食品网店，视觉上处理得井然有序，整个网页看起来非常诱人，使人胃口大开，正好能够体现网店的宗旨。

图 1-42 橙色系网店

(3) 黄色

　　黄色是阳光的色彩，具有活泼与轻快的特点，给人十分年轻的感觉，象征光明、希望、高贵、愉快。浅黄色表示柔弱，灰黄色表示病态。黄色的亮度最高，和其他颜色配合很活泼，有温暖感，具有快乐、希望、智慧和轻快的个性，有希望与功名等象征意义。黄色也代表着土地、象征着权力，并且还具有神秘的宗教色彩。常见的黄色配色方案如图 1-43 所示。

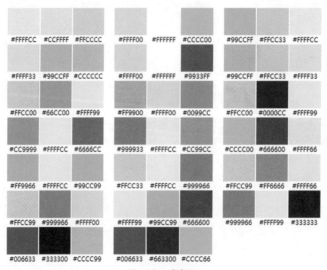

图 1-43 黄色搭配

提示

黄色能和众多的颜色搭配，但是要注意和白色的搭配，因为白色是吞没黄色的色彩，它会使你看不清楚。另外，深黄色最好不要与深紫色、深蓝色、深红色搭配，会使人感觉晦涩与失望；淡黄色也不要与明度相当的色彩搭配，要拉开明度上的层次关系。黄色与红色搭配，可以营造一种吉祥喜悦的气氛；黄色与绿色搭配，会显得有朝气活力；黄色与蓝色搭配，可以显得美丽清新；淡黄色与深黄色搭配，可以衬托出高雅。

黄色与某些食品色彩相似，可以应用于食品类的店铺，如图 1-44 所示。另外，黄色的明度较高，是活泼欢快的色彩，有智慧、欢乐的个性。黄色是前进色，有扩张的感觉，具有金色的光芒，代表权利和财富，是一种骄傲的色彩，因此很多店铺都会使用黄色来体现自己商品的高档与华贵。

图 1-44 黄色系网店

(4) 绿色

绿色在黄色和蓝色（冷暖）之间，属于较中庸的颜色，这样使得绿色的性格最为平和、安稳、大度、宽容。绿色是一种柔顺、恬静、满足、优美、受欢迎之色，也是网店页面中使用最为广泛的颜色之一。

绿色与人类息息相关，是永恒的、欣欣向荣的自然之色，代表了生命与希望，也充满了青春活力。绿色象征着和平与安全、发展与生机、舒适与安宁、松弛与休息，有缓解眼部疲劳的作用。

绿色能使我们的心情变得格外明朗。黄绿色代表清新、平静、安逸、和平、柔和、春天、青春的心理感受。常见的绿色配色方案如图 1-45 所示。

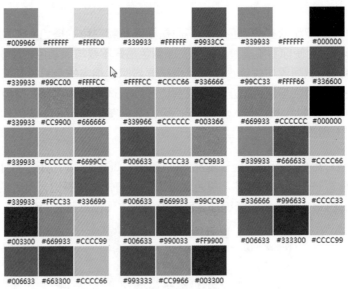

#009966	#FFFFFF	#FFFF00	#339933	#FFFFFF	#9933CC	#339933	#FFFFFF	#000000
#339933	#99CC00	#FFFFCC	#FFFFCC	#CCCC66	#336666	#99CC33	#FFFF66	#336600
#339933	#CC9900	#666666	#339966	#CCCCCC	#003366	#669933	#CCCCCC	#000000
#339933	#CCCCCC	#6699CC	#006633	#CCCC33	#CC9933	#339933	#666633	#CCCC66
#339933	#FFCC33	#336699	#006633	#669933	#99CC99	#336666	#996633	#CCCC33
#003300	#669933	#CCCC99	#006633	#990033	#FF9900	#006633	#333300	#CCCC99
#006633	#663300	#CCCC66	#993333	#CC9966	#003300			

图 1-45 绿色搭配

提 示

在绿色中黄色的占比较多时,其性格就趋于活泼、友善,具有幼稚性;在绿色中加入少量的黑色,其性格就趋于庄重、老练、成熟;在绿色中加入少量的白色,其性格就趋于洁净、清爽、鲜嫩。

绿色通常与环境有关,也经常被联想到与健康有关的事物,所以绿色系经常会用在与自然、健康有关的网店,还经常用于生态特产、护肤品、儿童商品或保健健康食品网店,如图 1-46 所示。

(5) 蓝色

蓝色是色彩中比较沉静的颜色,象征着永恒与深邃、高远与博大、壮阔与浩渺,是令人心境畅快的颜色。

蓝色的朴实、稳重、内向性格,可以衬托那些性格活跃、具有较强扩张力的色彩,同时也可活跃页面。另一方面,蓝色又有消极、冷淡、保守等含义。蓝色与红色、黄色等运用得当,能构成和谐的对比调和关系。

蓝色是冷色调中最典型的代表色,是网店页面中运用最多的颜色,也是许多人钟爱的颜色。常见的蓝色配色方案如图 1-47 所示。

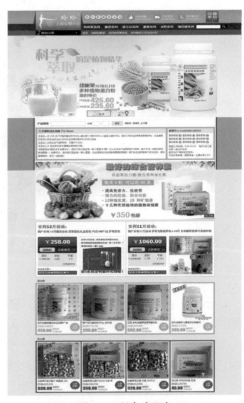

图 1-46 绿色系网店

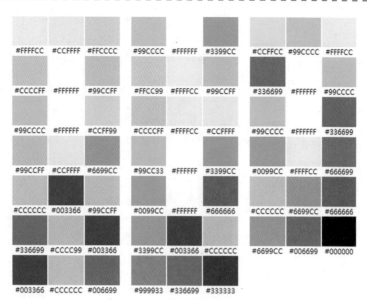

图 1-47 蓝色搭配

提示

在蓝色中添加少量的红、黄、橙、白等色,均不会对蓝色的性格构成较明显的影响;如果在蓝色中黄色的占比较多,其性格就会趋于甜美、亮丽、芳香;在蓝色中混入少量的白色,可使蓝色的知觉趋于焦躁、无力。

蓝色可表达深远、永恒、沉静、无限、理智、诚实、寒冷等多种感觉。蓝色会给人很强烈的安稳感,同时还能够表现出和平、淡雅、洁净、可靠等。蓝色多用于科技产品、家电产品、化妆品或者旅游类型网店,如图 1-48 所示。

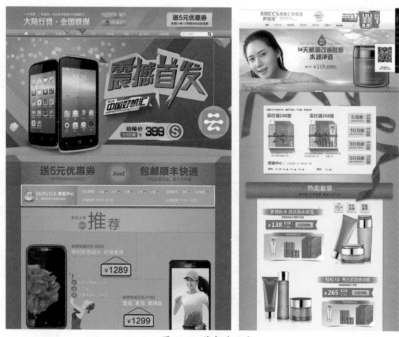

图 1-48 蓝色系网店

(6) 紫色

紫色可以说是最具优雅气质的颜色，给人成熟与神秘感，是女性的专属色之一。从 T 台秀场到街拍，紫色都会出现在人们的视线中，这些紫色有的优雅、高贵，有的极具街头范儿，大家的精彩搭配，显示出了紫色的百变魔力。然而紫色并不好驾驭，如果搭配不当则会显得过于老气。紫色的明度在有彩色的色料中是最低的，紫色的低明度给人一种沉闷、神秘的感觉。常见的紫色配色方案如图 1-49 所示。

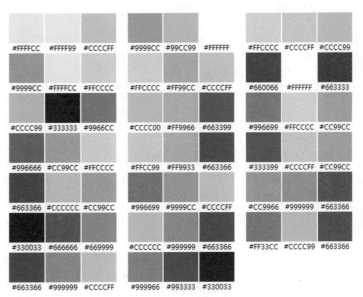

图 1-49 紫色搭配

提 示

在紫色中红色的占比较多时，具有压抑感、威胁感；在紫色中加入少量的黑色，其感觉就趋于神秘、难以捉摸、高贵；在紫色中加入白色，可使紫色沉闷的性格消失，变得优雅、娇气，并充满女性的魅力。

紫色通常用于以女性为对象或以艺术品为主的网店。另外紫色是高贵华丽的色彩，很适合表现珍贵、奢华的商品，如图 1-50 所示。

图 1-50 紫色系网店

2. 按照印象分类

色彩搭配看似复杂，但并不神秘。既然每种色彩在印象空间中都有自己的位置，那么色彩搭配得到的印象可以用加减法来近似估算。如果每种色彩都是高亮度的，那么它们的叠加自然会是柔和、明亮的；如果每种色彩都是浓烈的，那么它们的叠加就会是浓烈的。当然在实际设计过程中，设计师还要考虑到乘除法，例如同样亮度和对比度的色彩，在色环上的角度不同，搭配起来就会得到千变万化的感觉。因此色彩除了按照色相搭配外，还可以将印象作为搭配分类的方法。

（1）柔和、明亮、温柔

亮度高的色彩搭配在一起就会得到柔和、明亮、温和的感觉。为了避免刺眼，设计师一般会用低亮度的前景色调和，同时色彩在色环之间的距离也有助于避免沉闷，如图 1-51 所示。此色彩常用于与女性有关的网店。

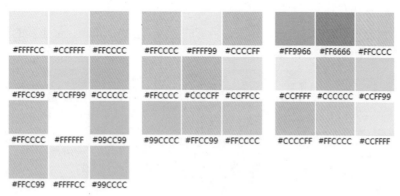

图 1-51 柔和、明亮、温柔

（2）柔和、洁净、爽朗

对于柔和、洁净、爽朗的印象，色环中蓝到绿相邻的颜色应该是最适合的，并且亮度偏高。可以看到，几乎每个组合都有白色参与。当然在实际设计时，可以用蓝绿相反色相的高亮度有彩色代替白色，如图 1-52 所示。此色彩常用于与厨卫有关的网店。

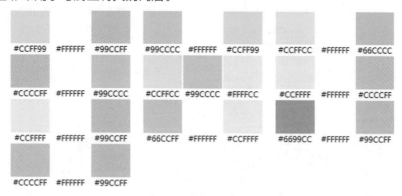

图 1-52 柔和、洁净、爽朗

（3）可爱、快乐、有趣

对于可爱、快乐、有趣的印象，其色彩搭配的特点是，色相分布均匀，冷暖搭配，饱和度高，色彩分辨度高，如图 1-53 所示。此色彩常用于与儿童有关的网店。

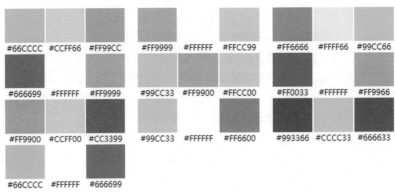

图 1-53 可爱、快乐、有趣

(4) 活泼、快乐、有趣

活泼、快乐、有趣的印象相对前一种印象，色彩的选择范围更加广泛，最重要的变化是将纯白色用低饱和有彩色或者灰色取代，如图 1-54 所示。此色彩常用于与儿童有关的网店。

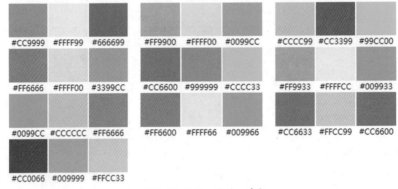

图 1-54 活泼、快乐、有趣

(5) 运动、轻快

运动的色彩要强化激烈、刺激的感受，同时还要体现健康、快乐、阳光。因此饱和度较高、亮度偏低的色彩在这类印象中经常登场，如图 1-55 所示。此色彩常用于与运动有关的网店。

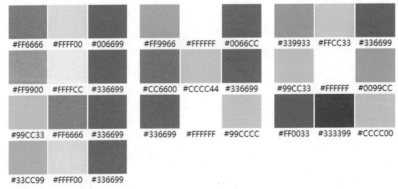

图 1-55 运动、轻快

(6) 轻快、华丽、动感

华丽的印象要求页面充满有彩色，并且饱和度偏高，而亮度适当减弱则能强化这种印象，如图 1-56 所示。此色彩常用于与户外运动有关的网店。

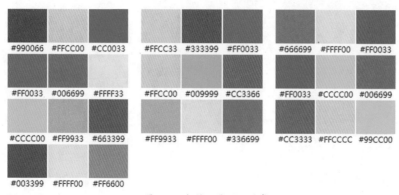

图 1-56　轻快、华丽、动感

(7) 狂野、充沛、动感

狂野的印象空间中少不了低亮度的色彩，甚至可以用适当的黑色搭配。其他有彩色的饱和度高，对比强烈，如图 1-57 所示。此色彩常用于与户外运动有关的网店。

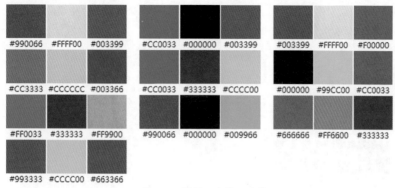

图 1-57　狂野、充沛、动感

(8) 华丽、花哨、女性化

女性化的页面中紫色和品红是主角，粉红、绿色也是常用色相。一般它们之间要进行高饱和的搭配，如图 1-58 所示。此色彩常用于与女性有关的网店。

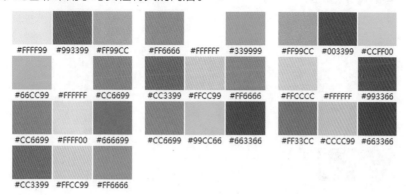

图 1-58　华丽、花哨、女性化

(9) 回味、女性化、优雅

要给人以优雅的感觉，色彩的饱和度可以降下来。一般以蓝色和红色之间的相邻色来搭配，要调节亮度和饱和度进行搭配，如图 1-59 所示。此色彩常用于与女性有关的网店。

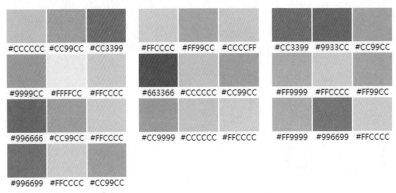

图 1-59 回味、女性化、优雅

(10) 高尚、自然、安稳

高尚一般要用低亮度的黄绿色，色彩亮度降下去，注意色彩的平衡，页面就会显得安稳，如图 1-60 所示。此色彩常用于与老人有关的网店。

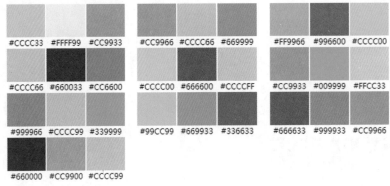

图 1-60 高尚、自然、安稳

(11) 冷静、自然

绿色是冷静、自然印象的主角，但是绿色作为页面的主要色彩，容易陷入过于消极的感觉传达，因此应该特别重视图案的设计，如图 1-61 所示。此色彩常用于与茶有关的网店。

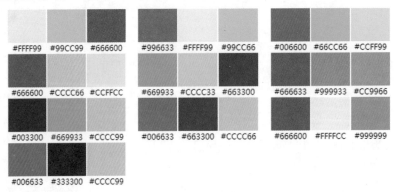

图 1-61 冷静、自然

(12) 传统、高雅、优雅

传统的内容一般要降低色彩的饱和度，特别是棕色很适合，是高雅和优雅印象的常用色相，如图 1-62 所示。此色彩常用于与家纺居家有关的网店。

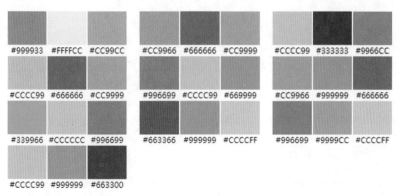

图 1-62　传统、高雅、优雅

(13) 传统、稳重、古典

传统、稳重、古典都是保守的印象，色彩的选择上应该尽量用低亮度的暖色，这种搭配符合成熟的审美，如图 1-63 所示。此色彩常用于与家具建材有关的网店。

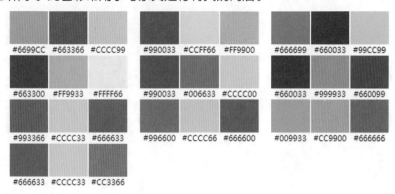

图 1-63　传统、稳重、古典

(14) 忠厚、稳重、有品位

亮度、饱和度偏低的色彩会给人忠厚、稳重的感觉。这样的搭配为了避免色彩过于保守，使页面僵化、消极，应当注重冷暖结合和明暗对比，如图 1-64 所示。此色彩常用于与珠宝或仿古产品有关的网店。

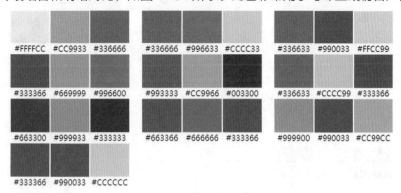

图 1-64　忠厚、稳重、有品位

(15) 简单、洁净、进步

简单、洁净的色彩在色相上可以用蓝、绿表现，并大面积留白。而进步的印象可以多用蓝色，搭配低饱和色彩甚至灰色，如图 1-65 所示。此色彩常用于与男性有关的网店。

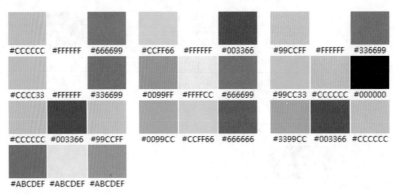

图 1-65 简单、洁净、进步

(16) 简单、时尚、高雅

灰色是最为平衡的色彩，并且是塑料金属质感的主要色彩之一，因此要表达高雅、时尚，可以适当使用，甚至大面积使用，但是要注重图案和质感的构造，如图 1-66 所示。此色彩常用于与男性有关的网店。

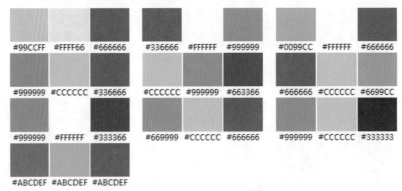

图 1-66 简单、时尚、高雅

(17) 简单、进步、时尚

简单、进步、时尚的色彩多数以灰色、蓝色和绿色作为主导色，在网页中多显示时尚、大方的个性，如图 1-67 所示。此色彩常用于经营男性用品的网店。

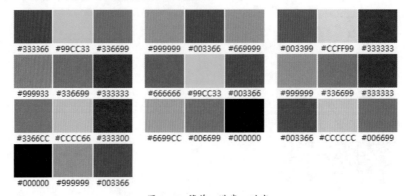

图 1-67 简单、进步、时尚

1.6.3 色彩推移

网店页面中采用色彩推移的方式组合色彩，是构成页面统一色调的最好方法之一。

色彩推移是将色彩按照一定规律有秩序地排列、组合的一种作品形式。种类有色相推移、明度推移、纯度推移、互补推移、综合推移等。设计师可以通过色彩推移的方法使页面色彩看起来更加统一、和谐，色彩推移同样可以运用到局部图像上，如图 1-68 所示。

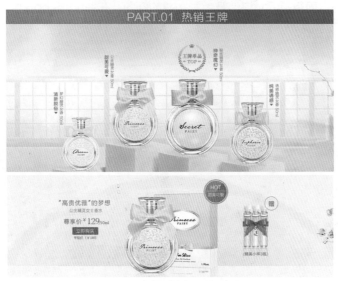

图 1-68 色彩推移的页面局部

1. 色相推移

将色彩按色相环的顺序，由冷到暖或由暖到冷进行排列、组合的一种渐变形式。为了使画面丰富多彩、变化有序，色彩可选用色相环，从一种颜色推移到另一种颜色，也可以选择灰度色相环，从白色到黑色或从黑色到白色。

2. 明度推移

将色彩按明度等差级系列的顺序，由浅到深或由深到浅进行排列、组合的一种渐变形式。一般都选用单色系列组合，也可选用两个色彩的明度系列，但也不宜择用太多，否则易乱易花，效果适得其反。

3. 纯度推移

将色彩按纯度等差级数系列的顺序，由鲜到灰或由灰到鲜进行排列组合的一种渐变形式。互补推移是处于色相环通过圆心 180° 两端位置上一对色相的纯度组合推移形式。

4. 互补推移

互补推移是处于色相环通过圆心 180° 两端位置上一对色相的纯度组合推移形式。

5. 综合推移

将色彩按色相、明度、纯度推移进行综合排列、组合的渐变形式。由于色彩三要素的同时加入，其效果当然要比单项推移复杂、丰富得多。

提 示　　在使用色彩综合推移为网页搭配色彩时，要注意色调之间的和谐性。

1.6.4 色彩采集

当为网店搭配色彩时，在没有色彩知识、不懂得色彩组合原理的情况下，制作人员如何能够为网店搭配与产品相呼应的页面色彩呢？这涉及色彩采集的问题，在 Photoshop 中采集色彩的方法是通过 （吸管工具）在产品的某个颜色上单击，此时就会将当前选取的颜色作为"工具箱"中的前景色，如图 1-69 所示。

图 1-69 吸取颜色

此时在"拾色器"面板中可以看到当前采集的颜色信息，如图 1-70 所示。

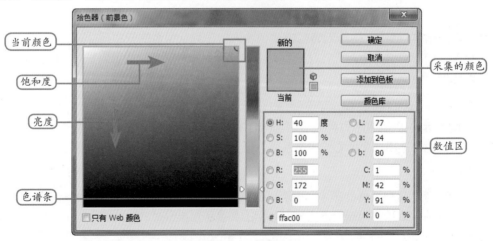

图 1-70 拾色器

如果在数值区更改数字，此时会明显看到之前的颜色与更改后的颜色，如图 1-71 所示。

勾选"只有 Web 颜色"复选框后,在"拾色器"面板中只会显示应用于网页的颜色,如图 1-72 所示。采集完毕的颜色就可以将其作为与产品相对应的主色、辅助色或点缀色。

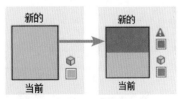

图 1-71 改变数值时的颜色对比

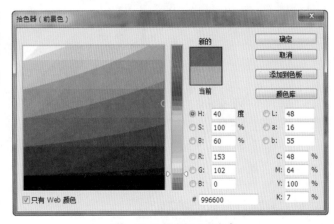

图 1-72 应用于 Web 的颜色

1.7 网店页面色彩分类

在为网店装修时,页面的色彩根据其作用的不同可以分为三类:静态色彩、动态色彩和强调色彩。其中静态色彩和动态色彩各有用途,相互影响、相互协作,处理好这两种色彩之间的关系,才能使页面色彩达到统一和谐的视觉效果,从而使买家对你的网店更多一些眷恋。

1.7.1 静态色彩与动态色彩

网店的静态色彩并不是指静态的色彩,而是指结构色彩、背景色彩和边框色彩等带有特殊识别意义的、决定店面色彩风格的色彩。动态色彩也不是指动画中运动物体携带的色彩,而是指插图、照片和广告等复杂图像中带有的色彩,这些色彩通常无法用单一色相去描绘,并且带有多种不同的色调,随着图像在不同页面位置的使用,动态色彩也会跟随变化,如图 1-73 所示。

图 1-73 静态色彩与动态色彩

1.7.2 强调色彩

强调色彩又名突出色彩,是网店页面设计时有特殊作用的色彩,是为了达到某种视觉效果时与静态色彩对比反差较大的突出色彩,或者是在店招中带有广告推荐意义的特殊色彩,或者是在段落文字中为了突出重点而通过不同色彩加注文字等,如图 1-74 所示的图像为作为强调色彩的文字、标签、商品、人物肤色与静态色彩的背景产生了强烈的对比。

图 1-74 强调色彩

1.8 色彩与网店页面

色彩对于视觉来说是很微妙的东西，它们本身的独特表现力可以用来通过刺激大脑传达信息、情感、思想。特定的视觉经验趋于特定性，另外色彩的色相变化、明度变化、纯度变化，以及组合的各种变化又赋予了色彩变化的不定性。

1.8.1 色彩对比

生活中的色彩往往不是单独存在。在观察色彩时，或是在背景中观察，或是几种色彩并列，或是先看某种色彩再看另一种色彩。这样所看到的色彩就会发生变化，形成色彩对比现象，影响心理感觉。

在色彩对比的状态下，由于相互作用的缘故，与单独见到的色彩是不一样的。这种现象是由于视觉残像引起的。当两种颜色同时并置在一起时，双方都会把对方推向自己的补色，就会出现相互影响的情况。因此，当我们进行配色设计时，就应当考虑到由于补色残像下形成的视觉效果，并做出相应的处理。

色彩对比主要分为色相对比、明度对比、补色对比、纯度对比和冷暖对比。

1. 色相对比

两种以上的色彩组合后，由于色相差别而形成的色彩对比效果称为色相对比。它是色彩对比的一个根本方面，其对比强弱程度取决于色相之间在色相环上的距离（角度），距离（角度）越小对比越弱，反之则对比越强，如图 1-75 所示。根据颜色在色环上的角度差别的远近，可分为类似色、邻近色、对比色、互补色等不同对比类型。

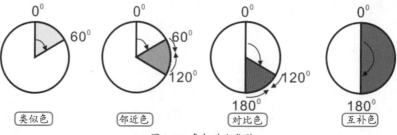

图 1-75 色相对比类型

(1) 类似色对比

类似色是指色相环上差距在 60° 以内的颜色，例如红和橙、黄和黄绿、品红和紫等，属于色相的弱对比。类似色反差小、柔和、舒缓，适合表现柔软的婴幼儿用品的网店，如图 1-76 所示。

图 1-76 类似色店铺

(2) 邻近色对比

邻近色是指色相环上差距在 60° ~120° 之间的颜色，例如红和紫、绿和蓝、青和黄等，属于色相的中对比。邻近色之间反差适度，且色与色之间互有共同点，显得和谐自然，可应用在妇婴用品、日用品、食品等网上店铺中，给人典雅、明晰、干净的感觉，如图 1-77 所示。

图 1-77 邻近色店铺

(3) 对比色对比

对比色是指色相环上差距在 120°~180° 之间的颜色，例如黄和紫、蓝和红等，属于色相的强对比。对比色之间反差较大，组合使用时能产生强烈鲜明、干脆利落的感觉，有非常醒目的宣传效果，可应用于运动产品、科技产品、节庆用品等网上店铺中，如图 1-78 所示。

图 1-78 对比色店铺

(4) 互补色对比

互补色是指色相环上距离为 180° 的颜色，属于最强的色相对比。在色相环上任意一条直线两端的色彩就是一对互补色。最典型的互补色分别是红色和青色、黄色和蓝色、绿色和品红色。互补色组合时，反差非常强烈，显得鲜明、果决、富有刺激性，视觉瞩目性极高。但比较生硬、刺目，使用时需要采用适当的手法做调和处理，如图 1-79 所示的店铺色彩对比为互补色，利用互补色可以使广告更加突出。

图 1-79 互补色店铺

2. 明度对比

以明度差别为主而产生的对比称为明度对比。我们通常把无彩色从黑到白的明度变化分为 9 个等级，称为明度梯尺。有彩色也可以在明度梯尺上找到对应的明度位置。除黑和白之外，明暗程度在 1~3 级之间的颜色称为低明度颜色，4~6 级之间的称为中明度颜色，7~9 级之间的称为高明度颜色，如图 1-80 所示。不同明度的同种颜色在同一页面中给人的感觉有很大不同。

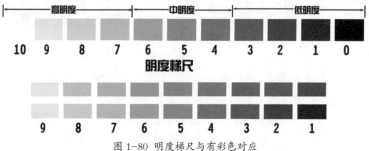

图 1-80 明度梯尺与有彩色对应

从左上至右下依次为高短调、高中调、高长调；中短调、中中调、中长调；低短调、低中调、低长调。所有的短调，包括高短调、中短调、低短调等，由于反差和对比较小，画面会显得柔软、温和，但容易产生含混不清的现象；所有的中调，包括高中调、中中调、低中调等，由于明度对比适中，所以版面显得典雅、明晰、理性，但容易显得平庸；所有的长调，包括高长调、中长调、低长调等，由于明度对比强烈，版面会显得响亮、果断、干脆，但容易产生生硬的感觉。

对于色彩应用来说，明度对比的正确与否，是决定配色的光感、明快感、清晰感，以及心理作用的关键。在网店色彩搭配时一定要先对无彩色中的黑、白、灰进行对比研究，然后对有彩色之间的明度对比进行研究，从而将店面色调调整到与产品相符合，如图 1-81 所示的图像是使用明度对比的店面装修。

图 1-81　明度对比的店面

3. 补色对比

补色对比是色彩对比中最强烈的力量，黄与紫、橙与蓝、红与绿，是最常见的三对补色，如图 1-82 所示。

图 1-82 补色对比

4. 纯度对比

一种颜色的鲜艳度取决于这一色相发射光的单一程度，不同的颜色放在一起，它们的对比是不一样的。人眼能辨别的有单色光特征的色，都具有一定的鲜艳度。

以某一色相的纯色按比例逐渐加入无彩色，即可形成由若干个色阶组成的纯度系列。

我们也把它分为高纯度、中纯度和低纯度三个层次，即纯色和接近纯色的色为高纯度色阶，接近灰色的色为低纯度色阶，两者之间为中纯度色阶。将三个层次的色阶相互组合，可以形成鲜强对比——主体色为高纯度色，陪衬和点缀色为中纯度和低纯度色；灰强对比——主体色为低纯度色，陪衬与点缀色为高纯度和中纯度色；中弱对比——主体色为中纯度色，其他色为接近中纯度色；鲜弱对比——主体色为高纯度色，其他色为接近高纯度色等的色彩纯度组合，如图 1-83 所示的图像为纯度对比。

图 1-83 纯度对比

服装产品与背景的色彩对比，以及不同纯度背景色的对比

VINTAGE STYLE
YOUR SAMPLE TEXT HERE TEXT PLACE HERE
YOUR SAMPLE TEXT HERE TEXT PLACE
YOUR SAMPLE TEXT HERE TEXT PLACE
HERE YOUR SAMPLE TEXT TEXT HERE

喜欢宽松的衣服
造型独特的裙子
喜欢天然材质和自然主义色彩
在一个浮躁的时代
温和的棉麻裙子
深深地打动了女孩儿们的心

秋装上新　　　　秋装上新　　　　秋装上新

新品　　　特价　　　新品　　　热卖

HOT RMB:119.3 立即购买>>
HOT RMB:152.6 立即购买>>
HOT RMB:117.6 立即购买>>
HOT RMB:108.2 立即购买>>

图 1-83 纯度对比（续）

5. 冷暖对比

冷暖对比是通过色彩的冷暖差别而形成的对比。冷暖本身是人的皮肤对外界温度高低的条件感应，色彩的冷暖感主要来自人的生理与心理感受。色彩可以分为冷色与暖色两种，红色光、橙色光、黄色光本身具有暖和感，照射在任何物体上都会有一种暖暖的感觉，这类色彩为暖色；紫色光、蓝色光、绿色光有一种寒冷的感觉，这类色彩为冷色。

在色彩搭配中单纯的冷色比暖色感觉起来更舒适，不会造成视觉疲劳。蓝色、绿色是冷色系中主要的颜色，也是最为常用的颜色，使用这类色彩制作的网店页面，会给人带来一股清新、祥和、安宁的感觉。

由于冷暖色系本身的对立性区分很明显，因此在设计时最好选择一种色系作为主色，而另一色系作为辅助色，从而起到互相陪衬的作用，使页面色彩保持协调，如图 1-84 所示。

图 1-84 冷暖对比

6. 色彩的面积对比

色彩的面积对比是指两色或两色以上面积的相互关系，也是色面大小和多少的对比关系。面积对比是指两个或更多色块的相对色域，这是一种多与少、大与小之间的对比，如图 1-85 所示。

图 1-85 色彩的面积对比

1.8.2 色彩调和

两种或两种以上的色彩合理搭配，产生统一和谐的效果，称为色彩调和。

1. 同种色的调和

相同色相，不同明度和纯度的色彩调和，称为同种色的调和。使之产生循序渐进的效果，在明度、纯度的变化上形成强弱、高低的对比，以弥补同色调和的单调感。

2. 类似色的调和

色相接近的某类色彩，如红与橙、蓝与紫等的调和，称为类似色的调和。类似色的调和主要靠类似色之间的共同色来产生作用。

3. 对比色的调和

色相相对或色性相对的某类色彩，如红与绿、黄与紫、蓝与橙的调和，称为对比色的调和。调和方法有：将一种对比色的纯度提高或降低另一种对比色的纯度；在对比色之间插入分割色（金、银、黑、白、灰等）；采用双方面积大小不同的处理方法，以达到对比中的和谐；对比色之间具有类似色的关系，也可起到调和的作用。

1.9 商品色调风格调整

在为网店上传宝贝时，很多时候会发现网拍的商品颜色不是很多，或者是由于模特时间匆忙或拍摄者掌握不好拍摄角度，而没有将不同颜色的同款衣服都进行拍照，又或者拍摄时由于天气或对相机的不熟悉而产生的曝光不足，又或者是想对已拍摄的产品进行突出处理。此时我们就需要借助一些软件来将以上的遗漏或遗憾进行完全的风格调整。

对于拍摄后的图像，都存在或多或少的不同问题，但在处理时无外乎进行曝光调整、色彩调整、整体调整、瑕疵修复和清晰度调整等 5 个主要步骤，通过这几个步骤可以完成对变形图像、过暗、过亮、偏色、模糊、瑕疵修复等问题的调整，具体流程可以参考如图 1-86 所示的处理图像的基本流程表。

网店商品图像编修流程表				
1 曝光调整	2 色彩调整	3 摆正、裁剪、调大小	4 瑕疵修复	5 清晰度
查看相片的明暗分布状况 调整整体亮度与对比度 修正局部区域的亮度与对比度	移除整体色偏 修复局部区域的色偏 强化图像的色彩 更改图像色调	转正横躺的直幅相片与歪斜相片 矫正变形图像 裁剪图像修正构图 调整图像大小 更改画布大小	清除脏污与杂点 去除多余的杂物 人物美容	增强图像锐化度 提升照片的清晰效果 改善模糊相片

图 1-86 网店商品图像编修流程表

1.9.1 通过"色相/饱和度"更换网拍商品的颜色

现在的商品琳琅满目、五颜六色，但是在将产品进行网拍时，由于颜色不全而会造成有些颜色的产品没有被拍照，这样就无法上传，等到产品到货后，再拍会浪费很多的时间，这时我们只要使用 Photoshop 中的"色相/饱和度"功能，就可以轻松将一种颜色变为多种颜色。

👤 操作步骤

🔄01 启动 Photoshop 软件，打开随书附带光盘中的"素材/第 1 章/儿童羽绒服"，如图 1-87 所示。

🔄02 执行菜单"图像/调整/色相/饱和度"命令，打开"色相/饱和度"对话框，由于调整的只是衣服颜色，这里我们选择"黄色"，之后拖动"色相"色标，此时通过预览可以看到衣服颜色发生了变化，如图 1-88 所示。

图 1-87 素材

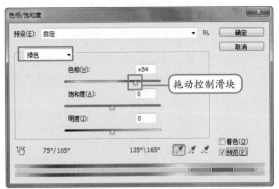

图 1-88 调整色相

🔄03 在"色相 / 饱和度"对话框中调整不同的"色相"
参数,可以得到多种颜色。为了调整起来便于对比,也
可以通过执行菜单"图层 / 新建调整图层 / 色相 / 饱和度"
命令,打开"色相 / 饱和度"属性面板,这样更加便于
查看对比效果,如图 1-89 所示。

图 1-89 调整颜色

技 巧

　　使用"色相 / 饱和度"调整颜色时,调整范围如果选择单色进行调整图像时,会
只对选取的颜色进行调整,如果选择的是全图,会针对所有颜色进行调整,创建选
区后可以只对选区内的图像进行调整,如图 1-90 所示。灰度图像要想改变色相,必
须先勾选"着色"复选框。

图 1-90 调整色相

1.9.2 通过"色阶"挽救曝光不足的商品照片

在拍照时经常会出现由于曝光不足而产生画面发灰或发黑的效果，从而影响照片的质量。要想将照片以最佳的状态进行储存，一是在拍照时调整好光圈、角度和位置，来得到最佳效果；二是当照片拍坏后，使用 Photoshop 对其进行修改，来得到最佳效果。

操作步骤

01 启动 Photoshop，打开随书附带光盘中的"素材 / 第 1 章 / 休闲裤"，如图 1–91 所示。

02 从打开的素材中我们可以看到由于曝光不足，照片感觉就像蒙上了一层纱布，下面就对其进行修正，还原照片的本来面目。执行菜单"图像 / 调整 / 色阶"命令，打开"色阶"对话框，在"色阶"对话框中，向左拖动"阴影"控制滑块到有像素分布的区域，如图 1–92 所示。

图 1–91 素材

图 1–92 "色阶"对话框

注意

在"色阶"对话框中，直接拖动控制滑块可以对图像进行色阶调整，在文本框中直接输入数值同样可以对图像的色阶进行调整。

03 调整完毕后单击"确定"按钮，得到最终效果，如图 1–93 所示。

举一反三

对于初学者来说，使用对话框有可能不太习惯，大家可以直接通过命令调整曝光不足的图片，只要执行菜单"图像 / 自动色调"命令，就可以快速调整曝光不足，如图 1–94 所示。

图 1–93 最终效果

图 1-94 执行 "自动色调" 命令后的效果

1.9.3 通过 "通道混合器" 调整商品色调

除了对网拍商品使用 "色相 / 饱和度" 调整颜色外，还可以通过 "通道混合器"、"色阶"、"曲线" 等命令调整色调，从而改变商品的颜色。本节为大家讲解使用 "通道混合器" 调整色调的方法。

操作步骤

01 启动 Photoshop 软件，打开随书附带光盘中的 "素材 / 第 1 章 / 彩袜"，如图 1-95 所示。

02 使用 （钢笔工具）沿袜子创建路径，如图 1-96 所示。

03 按 Ctrl+Enter 键将路径转换为选区，再单击 "图层" 面板中的 （创建新的填充和调整图层）按钮，在弹出的菜单中选择 "通道混合器" 命令，如图 1-97 所示。

图 1-95 素材

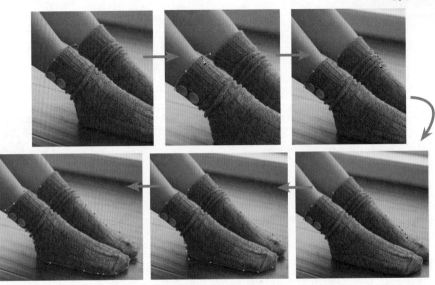

图 1-96 创建路径

04 选择"通道混合器"后，系统会打开"通道混合器"属性面板，在"输出通道"中选择"红"通道，拖动"红色"下面的控制滑块，如图 1-98 所示。

05 此时发现选区内的颜色已经发生了改变，如图 1-99 所示。

图 1-97 选择"通道混合器"

图 1-98 "通道混合器"属性面板

图 1-99 改变颜色

06 虽然颜色发生了改变，但是可以看到袜子的边缘位置调整得并不好。选择 ✐（画笔工具）并调整相应大小，之后选择蒙版缩略图，如图 1-100 所示。

07 使用 ✐（画笔工具）在袜子内用白色进行涂抹，袜子以外用黑色进行涂抹，如图 1-101 所示。

08 编辑完毕后的蒙版，如图 1-102 所示。

09 编辑完毕后发现袜子已经改变了颜色，如图 1-103 所示。

图 1-100 选择蒙版缩略图

图 1-101 编辑蒙版

图 1-102 蒙版   图 1-103 改色后

10 在"通道混合器"属性面板中调整不同的参数值，会得到不同的颜色，如图 1-104 所示。

图 1-104 改色后

第 2 章
网店商品整体调整

本章重点

✓ 商品宝贝外观校正
✓ 商品照片瑕疵修复
✓ 保护自己的版权

　　淘宝商品图片主要分为两种：一种是宝贝标题图片，也就是在搜索结果和广告等各个地方看到的商品缩略图，主要起到大致了解产品外观的作用；另一种是宝贝描述图，起到对缩略图进行说明补充和广告描述的作用，这种图片可以更大，并且限制也较小。网店商品能否快速地吸引买家，网店中摆设的商品照片起着至关重要的作用，如果直接将相机拍摄的照片直接上传到网店中，很多情况下会出现由于拍摄水平或拍摄角度而产生的诸多问题，正因为这些照片是直接体现产品的本貌，在达成买卖之前，已经对人们的吸引力大打折扣，从而在销量上会受到很大的阻碍。

　　本章主要介绍对网拍商品进行整体调整的方法。一张好的商品照片不仅能直接吸引买家注视，而且能正确体现商品本身所具有的特色，这样也会直接加大商品被卖出的砝码。对于初级拍摄水平的店主，将宝贝照片进行后期修正是不得不做的事情。

　　而对于照片的调整，使用 Photoshop 处理是一件非常轻松的事情。本章就对拍摄宝贝时常出现的一些问题进行修正，修正后的照片放在网店中会起到锦上添花的作用，如图 2-1 所示。

图 2-1　网店中展示的商品

2.1 宝贝外观校正

　　在为商品宝贝拍摄照片时，由于角度或姿势等问题，会把照片拍摄成倾斜效果，如果对这张照片中的商品非常喜欢，又不能重新去拍摄时，就可以通过 Photoshop 来对其进行重新构图和修正，如图 2-2 所示的效果即为调整前后的对比效果。从对比效果我们可以非常明显地看到校正图像在网店运营中的直接影响。

图 2-2 调整前后对比图

2.1.1 横幅与直幅之间的转换

　　当使用数码相机拍摄照片时，由于相机没有自动转正功能，会使输入到电脑中的照片由直幅变为横幅效果，此时将其直接上传到网店中会使商品看起来很不舒服，这可能会使商品的成交率大大下降。此时即可利用 Photoshop 快速将横幅的照片转换成直幅效果。

　　操作步骤

⟳01 启动 Photoshop 软件，打开随书附带光盘中的"素材 / 第 2 章 / 横躺照片"，如图 2-3 所示。

图 2-3 素材

⟳02 执行菜单"图像 / 图像旋转"命令，在子菜单中便可以通过相应的命令来对其进行更改，如图 2-4 所示。

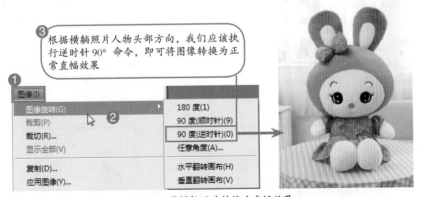

图 2-4 将横躺照片转换为直幅效果

在 Photoshop 中使用"变换"命令对图像进行旋转时，图像的最后显示高度只能是原图横躺的高度，超出的范围将不会被显示，如图 2-5 所示。

提 示

图 2-5 通过变换旋转的直幅效果

注 意

在制作展示宝贝图片和宝贝描述图片时，应该注意以下几点。

◆ 保持图片的清晰度，不要将图片拉伸或扭曲。

◆ 宝贝图片要居中，大小要合适，不能为了突出细节而造成主体过大。这样的视觉会使买家看着不舒服，分不清主次，使买家不能快速了解产品。

◆ 宝贝图片背景不能太乱，要与主体相配合。

2.1.2 校正倾斜图片

在拍摄商品照片时，由于角度或姿势等问题，有时会把商品照片拍歪，通过 Photoshop 可以轻松将其进行修正而不需要重新去拍摄。

👤 操作步骤

🌀**01** 启动 Photoshop 软件，打开随书附带光盘中的"素材/第2章/拍歪的照片"，从照片中可以看出玩具有一些倾斜，如图 2-6 所示。

🌀**02** 在工具箱中选择🔲（标尺工具），在毛绒玩具的中轴线上拖动鼠标创建标尺线，如图 2-7 所示。

图 2-6 素材

图 2-7 创建标尺线

🌀**03** 执行菜单"图像/图像旋转/任意角度"命令，打开"旋转画布"对话框，此时在对话框中系统会自动显示倾斜的角度，如图 2-8 所示。

🌀**04** 设置完毕后单击"确定"按钮，此时会将画布进行旋转，效果如图 2-9 所示。

图 2-8 "旋转画布"对话框

🌀**05** 此时再使用🔲（裁剪工具）在衣服处创建裁剪框，按回车键完成裁剪，效果如图 2-10 所示。

图 2-9 旋转

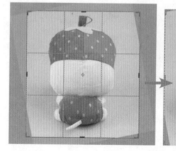

图 2-10 创建裁剪框

🌀**06** 裁剪完毕后使用🖊（污点修复画笔工具）在边缘处进行涂抹，效果如图 2-11 所示。

🌀**07** 涂抹完毕后松开鼠标，系统会自动将边缘与背景相融合，效果如图 2-12 所示。

图 2-11 修复

图 2-12 修复

08 使用 （污点修复画笔工具）在四个边角处涂抹将其进行修复，修复过程如图 2-13 所示。

图 2-13 修复过程

提 示

在 Photoshop 中应用 （标尺工具）和"任意角度"命令对图像进行旋转校正适用于任何版本，在 CS6 和 CC 版本中只要单击 （标尺工具）中的"拉直"按钮即可将图像进行旋转，如图 2-14 所示。在 CC 版本中通过 （裁剪工具）中的 （拉直）功能，也可以快速校正倾斜，如图 2-15 所示。

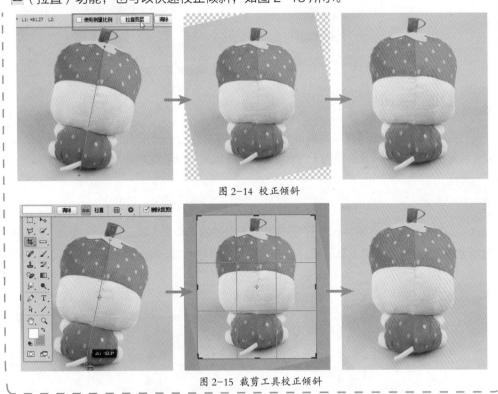

图 2-14 校正倾斜

图 2-15 裁剪工具校正倾斜

09 使用 （快速选择工具）将背景创建出选区，再使用"色阶"命令将背景调白，效果如图 2-16 所示。

图 2-16　调整背景

2.1.3 校正透视图像

在拍摄照片时由于角度、距离或相机问题，常常会出现被拍摄的人物或景物产生透视效果，让人看起来非常不舒服，这时只要使用 Photoshop，几步就可以轻松地将其修复。

👤 操作步骤

🔄 01 启动 Photoshop 软件，打开随书附带光盘中的"素材 / 第 2 章 / 洗洁精"，如图 2-17 所示。

🔄 02 选择 🔲（透视裁切工具）后，在图像中沿物体的边缘单击绘制裁剪框，如图 2-18 所示。

图 2-17　素材

图 2-18　创建裁剪框

🔄 03 在图像中向上下左右拖动控制框，如图 2-19 所示。

🔄 04 按回车键完成对透视图像的校正，如图 2-20 所示。

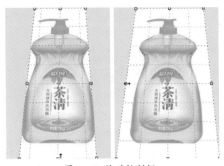

图 2-19 拖动控制框   图 2-20 校正后

技 巧

在 Photoshop 中修正透视效果还可以通过调整变换框，直接将透视效果变成正常，或者使用"镜头校正"滤镜来调整透视效果，如图 2-21 所示。

图 2-21 镜头校正

2.1.4 校正拍摄时产生的晕影

在拍摄照片时由于对相机的镜头把握不好，经常会出现拍出的照片周围有一圈黑色晕影，在 Photoshop 中校正黑色晕影非常简单，本节就为大家讲解使用"镜头校正"滤镜校正图像的方法。

操作步骤

01 启动 Photoshop 软件，打开随书附带光盘中的"素材 / 第 2 章 / 晕影照片"，如图 2-22 所示。

02 执行菜单"滤镜 / 镜头校正"命令，打开"镜头校正"对话框，在对话框中设置"晕影"的参数值，如图 2-23 所示。

图 2-22 素材

图 2-23 镜头校正

提 示

调整"镜头校正"命令中的"晕影"参数时，数值为负值时会将图像边缘变暗，数值为正值时会将图像周围变亮。

03 设置完毕后单击"确定"按钮，完成镜头校正调整，效果如图 2-24 所示。

图 2-24 最终效果

2.1.5 缩小图片以便于上传

在淘宝中对于图片的尺寸大小，不同的位置有不同的规定，在网店中图片过大会影响买家的浏览速度，如果速度太慢，就会使买家对当前店铺失去兴趣，而快速离开。所以在处理图片时要按照买家的心理来考虑调整，只有这样才能增加销量。下面就为大家讲解在 Photoshop 中缩小并压缩图像的方法。

操作步骤

○**01** 启动 Photoshop 软件，打开随书附带光盘中的"素材 / 第 2 章 / 女鞋"，如图 2-25 所示，此时的大小为 652.7kb。

○**02** 执行菜单"图像 / 图像大小"命令，打开"图像大小"对话框，在对话框中单击"约束比例"按钮，设置"宽度"为 310 像素、"分辨率"为 72 像素 / 英寸，如图 2-26 所示。

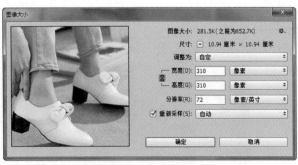

图 2-25 素材   图 2-26 "图像大小"对话框

○**03** 设置完毕后单击"确定"按钮，此时大小会被调整为 281.5kb。

○**04** 执行菜单"文件 / 储存为"命令，在弹出的"另存为"对话框中设置文件名与储存路径，如图 2-27 所示。

○**05** 设置完毕后单击"保存"按钮，弹出"JPEG 选项"对话框，设置"品质"为 9 以下，即可得到相应的压缩效果，如图 2-28 所示。

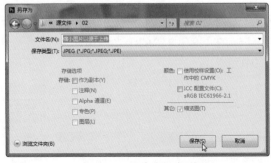

图 2-27 "另存为"对话框   图 2-28 "JPEG 选项"对话框

○**06** 设置完毕后单击"确定"按钮，完成图像的缩小与压缩，效果如图 2-29 所示，此时的大小为 52kb。

图 2-29 最终效果

2.1.6 将多个商品照片裁成统一大小

在网店中出售的商品越多，需要用到的图片也就越多，如果直接通过缩小功能，会发现有些照片会出现变形的现象，这样在网店中直接出现会影响买家的浏览情绪，如果网店商品的第一印象留不住买家，光顾者就会去别人的店铺中进行查看，以至于在别家进行交易。如何能够使图像不变形而且还能统一成一样的大小？这时我们可以通过 Photoshop 来进行操作。

操作步骤

01 启动 Photoshop 软件，打开 3 张毛绒玩具宝贝照片，如图 2-30 所示。

图 2-30 素材

02 选择其中的一张素材。选择 ▣（裁剪工具）后，在属性栏中选择"宽 × 高 × 分辨率"，设置"宽度"与"高度"都为 310 像素、"分辨率"为 72 像素 / 英寸，如图 2-31 所示。

图 2-31 裁剪图像大小和分辨率

提 示

在 CS6 和 CC 版本中设置裁剪预设后，可以将当前的预设应用到其他图片中，如图 2-32 所示；在 CS5 之前的版本中设置大小和分辨率，可以直接在属性栏中完成。

图 2-32 新建裁剪预设

03 设置完毕后单击"确定"按钮，此时在图像中会出现一个裁剪框，我们可以使用鼠标拖动裁剪框或移动图像的方法来选择最终保留的区域，按回车键即可完成裁剪，效果如图 2-33 所示。

图 2-33 裁剪

技 巧

在 Photoshop 中设置固定大小后，创建的裁剪框无论多大，裁剪后的图像大小都是预设的大小，该方法可以应用到多个图像，如图 2-34 所示。

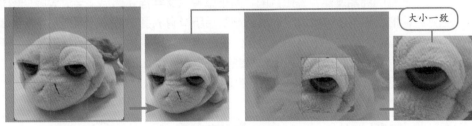

大小一致

图 2-34 裁剪

○04 使用 ![] （裁剪工具）在打开的多个素材中创建裁剪框，将其进行裁剪，添加修饰后即可上传到网店中，此时发现商品照片都是一样大，如图 2-35 所示。

¥110.00　　　　销量: 5
海盗猴系列纯棉填充物，不掉毛、不怕水洗、对皮肤无过敏反应，正版行货。

¥120.00　　　　销量: 12
礼琪系列毛绒玩具，纯棉填充物，不怕水洗、对皮肤无过敏反应，德国原版设计。

¥40.00　　　　销量: 30
小帅猴系列纯棉填充物，不掉毛、不怕水洗、对皮肤无过敏反应，正版行货，猴年新品。。

图 2-35 统一大小后上传到网店

提 示

在 CS6 和 CC 版本中，如果直接使用"图像大小"调整图像，虽然图像大小一致，但是商品会出现拉伸或扭曲效果，如图 2-36 所示。大家可以将此图与图 2-35 进行一下对比。

图片已变形

¥110.00　　　　销量: 5
海盗猴系列纯棉填充物，不掉毛、不怕水洗、对皮肤无过敏反应，正版行货。

¥120.00　　　　销量: 0
礼琪系列毛绒玩具，纯棉填充物，不怕水洗、对皮肤无过敏反应，德国原版设计。

¥40.00　　　　销量: 30
小帅猴系列纯棉填充物，不掉毛、不怕水洗、对皮肤无过敏反应，正版行货，猴年新品。

图 2-36 使用"图像大小"调整图像并上的效果

2.2 商品照片瑕疵修复

在网店中出售的商品是离不开照片的，如果单独以文字描述商品，会大大降低购买者对该产品的兴趣。一张好的网拍商品不但可以直观地展示该商品所具有的图形信息，还能从中看到其主要的特色，从而加大销售的砝码，为店主创造利润。对于大多数店主来说，拍好一张照片不是一件容易的事情，环境光线、商品摆放角度、没有移走的其他物品或相机中自动添加日期等因素，都会对当前照片起到一定的副作用，如图 2-37 所示，下面就为大家解决这些常见的问题。

图 2-37 照片中的瑕疵

2.2.1 清除照片中的日期

现在的相机都有在拍摄照片的同时留下拍摄日期的功能，如果我们没有将该功能关闭，在拍摄的照片中就会出现当前照片拍摄时的日期，出现日期的照片是不适合作为网店商品的，下面就学习将其清除的方法。

👤 操作步骤

◎01 启动 Photoshop 软件，打开随书附带光盘中的"素材 / 第 2 章 / 带日期的图片"，如图 2-38 所示。

◎02 选择 🔲（修补工具），在属性栏中设置"修补"为"内容识别"、"适应"为"结构：3、颜色：0"，如图 2-39 所示。

◎03 使用 🔲（修补工具）在日期周围创建选区，如图 2-40 所示。

图 2-38 素材

图 2-39 设置属性

图 2-40　创建选区

技　巧

使用 ▣（修补工具）创建选区的过程中，起点和终点未相交时，松开鼠标后，终点和起点会自动以直线的形式创建封闭选区。

技　巧

使用其他选区工具创建的选区，仍然可以使用 ▣（修补工具）来修补图像。

◎04 修补选区创建完毕后，松开鼠标，使用 ▣（修补工具）将鼠标拖动到选区内，按住鼠标向没有文字的边缘处拖动，如图 2-41 所示。

◎05 松开鼠标完成修补，按 Ctrl+D 键去掉选区，完成本例的修整，如图 2-42 所示。

图 2-41　移动选区

图 2-42　修补后

2.2.2　去掉网拍产品中多余的部分

拍摄商品照片时，有时会将旁边多余的物件或某个局部一同拍摄到产品照片中，直接传到网上会影响整张照片的美观度，下面就学习将照片中多余的部分去掉的方法。

👤 操作步骤

◎01 启动 Photoshop 软件，打开随书附带光盘中的"素材 / 第 2 章 / 带有多余图像的照片"，如图 2-43 所示。

◎02 首先给拍摄的照片增加一点层次感。执行菜单"图像 / 调整 / 色阶"命令，打开"色阶"对话框，向右拖动"暗部"滑块，如图 2-44 所示。

图 2-43 素材

图 2-44 "色阶"对话框

◎03 设置完毕后单击"确定"按钮，效果如图2-45所示。

提 示　　为网拍商品增加层次感后，会使商品更有视觉冲击力，给浏览网店产品的买家留下更好的印象，以便交易的形成。

图 2-45 增加层次感

◎04 下面再对多余的部分进行清除，通过查看产品的大小和位置，我们可以直接使用（污点修复画笔工具），该工具的好处是设置属性后可以直接在多余的部分上拖动鼠标，松开后系统会自动进行修复，如图 2-46 所示。

图 2-46 涂抹

◎05 使用同样的方法，将左边多余的部分清除，如图 2-47 所示。

图 2-47 修复后

技巧 　　使用 ✎（污点修复画笔工具）修复图像时，最好将画笔调整得比污点大一些，如果修复区的边缘像素反差较大，建议在修复周围先创建选区范围，再进行修复。

2.2.3 修复照片中的污渍

　　商品在搬运或存放的过程中很容易受到外界的干扰，从而使商品沾上油污或墨迹等污渍，在拍照时污渍同样会出现在照片中，这样直接上传到网店中会直接影响商品在购买者心目中的形象，下面我们就学习修复污渍的方法，如图 2-48 所示为修复前后对比效果。

图 2-48 污渍对比效果

 操作步骤

🔘**01** 启动 Photoshop 软件，打开随书附带光盘中的"素材 / 第 2 章 / 污渍照片"，如图 2-49 所示。

🔘**02** 执行菜单"图像 / 自动色调"命令，调整一下图像的层次。选择 🖌 （修复画笔工具），按住 Alt 键在与污渍底部纹理相似的周围进行取样，如图 2-50 所示。

图 2-49 素材

图 2-50 取样

 提 示

使用 🖌 （修复画笔工具）修复图像时，取样是至关重要的环节，如果随意进行取样，那么修复的结果会与原图不匹配。

🔘**03** 取样完毕后，将鼠标移到污渍上按下鼠标进行涂抹，效果如图 2-51 所示。

图 2-51 修复涂抹

🔘**04** 在整个污渍上涂抹完毕后，松开鼠标，系统会自动将污渍修复，效果如图 2-52 所示。

 提 示

以上学习了三个工具的使用，只要巧妙地运用，任何一个工具都能轻松地修复污渍，例如脸上的斑点或黑痣等，如图 2-53 所示。

图 2-52 最终效果

图 2-53 修复

2.2.4 对服装模特面部进行磨皮美容

在为服装拍摄照片时，往往会找到适合当前服装的模特作为拍摄的载体，但是有时会因为光线或对相机的不熟悉而造成模特肌肤不够美白，从而会间接影响服装的魅力，再美的服装也要模特来衬托，漂亮的模特会大大提升服装本身的价值，下面就学习为照片中的服装模特进行磨皮的方法。

操作步骤

◎01 启动 Photoshop 软件，打开一张服装模特照片，如图 2-54 所示。

◎02 选择 （污点修复画笔工具），在属性栏中设置"模式"为"正常"，"模式"为"内容识别"，在脸上雀斑较大的位置单击，对其进行初步修复，如图 2-55 所示。

图 2-54 素材　　　　　　　　　　图 2-55 使用污点修复画笔工具

◎03 执行菜单"滤镜 / 模糊 / 高斯模糊"命令，打开"高斯模糊"对话框，设置"半径"为 6.4 像素，如图 2-56 所示。

◎04 设置完毕后单击"确定"按钮，效果如图 2-57 所示。

◎05 选择 （历史记录画笔工具），在属性栏中设置"不透明度"为 38%、"流量"为 38%，执行菜单"窗口 / 历史记录"命令，打开"历史记录"面板，在面板的"高斯模糊"步骤前单击调出恢复源，再选择最后一个"污点修复画笔"选项，使用 （历史记录画笔工具）在人物的面部涂抹，效果如图 2-58 所示。

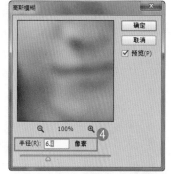

图 2-56 "高斯模糊"对话框

图 2-57 模糊后 图 2-58 设置历史记录源

提 示

　　在使用 🖌 (历史记录画笔工具)恢复某个步骤时,将"不透明度"与"流量"设置得小一些可以避免恢复过程中出现较生硬的效果,将数值设置小一点可以在同一点进行多次涂抹修复,而不会对图像造成太大的破坏。

🔄06 使用 🖌 (历史记录画笔工具)在人物面部需要美容的位置进行涂抹,可以在同一位置进行多次涂抹,恢复过程如图 2-59 所示。

图 2-59 恢复过程

🔄07 在人物的皮肤上进行精细涂抹,直到自己满意为止,效果如图 2-60 所示。

图 2-60 最终效果

提 示

　　在对模特进行肤色美白时,可以使用"色阶"调整命令或使用 🔍 (减淡工具)直接在皮肤处涂抹,就可以快速将皮肤美白,如图 2-61 所示。

图 2-61 美白皮肤

2.3 为图片添加属于自己的版权

如果网店中出售的商品照片是自己拍摄的，此时你一定会考虑两个问题：一是如何让买家更喜欢你的照片而进行产品购买；二是你又不想自己辛苦拍摄并处理的网拍产品被别人稍加篡改就变为他的网店商品。此时就得从版权方面考虑，一定要为图片添加相应的版权保护，例如加一些浮在表面的水印、保护线或者是一些说明文字等。

2.3.1 为商品添加保护线

上传到网店中的网拍产品，有时会被别人盗用变为自己的产品照片，如果你不想被别人盗用，可以考虑通过 Photoshop 为产品添加版权保护线，从而减少别人盗用的机会。因为添加保护线后的照片会增加盗用的难度，所以想盗用的人会考虑修图的烦琐而放弃盗用，这样会减少淘宝相同商品的竞争度，也会间接地加大自己商品的成交率。

操作步骤

01 启动 Photoshop 软件，打开随书附带光盘中的"素材 / 第 2 章 / 毛衣"，如图 2-62 所示。

02 在"图层"面板中新建一个图层，命名为"保护线"，如图 2-63 所示。

图 2-62 素材

图 2-63 新建图层

03 选择 ✐（直线工具），将前景色设置为"红色"后，在"属性栏"中设置"工具模式"为"像素"，"粗细"为 10 像素，在图片上绘制红色线条，如图 2-64 所示。

图 2-64 设置属性绘制线条

🔘**04** 使用 (椭圆工具) 在红色直线上绘制正圆,如图 2-65 所示。

🔘**05** 使用 (橡皮擦工具) 在第三条红线上拖动将中间部分进行擦除,如图 2-66 所示。

🔘**06** 使用 (横排文字工具) 在素材上输入文字 cpqckc@163.com,效果如图 2-67 所示。

图 2-65 绘制正圆

图 2-66 擦除

图 2-67 输入文字

🔘**07** 按 Ctrl+T 键调出变换框,将文字进行变换,效果如图 2-68 所示。

🔘**08** 调整完毕后按回车键确定,效果如图 2-69 所示。

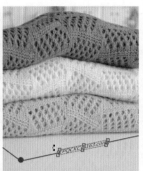

图 2-68 变换文字　　　　　　　　　　　　　　　　图 2-69 最终效果

2.3.2 为商品图像添加文字水印

　　为照片添加文字水印，除了能增加其专业性和整体感外，还能保护自己的照片不被外人盗用，添加的文字水印一般都比较淡，不会影响商品本身的观赏性。

操作步骤

◎01 启动 Photoshop 软件，打开随书附带光盘中的"素材 / 第 2 章 / 毛绒玩具 004"，如图 2-70 所示。

◎02 使用 T（横排文字工具）在打开素材中输入白色文字 cpqckc@163.com，并将其移动到合适的位置，如图 2-71 所示。

图 2-70 素材　　　　　　　　　　图 2-71 输入文字

◎03 执行菜单"图层 / 图层样式 / 外发光"命令，打开"外发光"对话框，其中的参数设置如图 2-72 所示。

◎04 设置完毕后单击"确定"按钮，效果如图 2-73 所示。

◎05 在"图层"面板中设置"填充"为 0%、"不透明度"为 64%，如图 2-74 所示。

◎06 设置完毕后完成本例的操作，效果如图 2-75 所示。

图 2-72 "外发光"对话框

图 2-73 添加外发光　　　　图 2-74 设置透明　　　　图 2-75 最终效果

提 示　　为网拍商品添加文字水印时，最好将水印在不影响整体美观的前提下放置到纹理较复杂的区域，这样对于盗用者来说修改起来会非常麻烦，间接地保证了网店商品的唯一性。

2.3.3 为商品添加图像商标或图像水印

为照片添加水印，可以是文字、图形或文字与图形一体。添加图像水印的具体操作如下。

操作步骤

◎01 启动Photoshop软件，打开随书附带光盘中的"素材/第2章/毛绒玩具005和小精灵"，如图2-76所示。

◎02 使用 ▶ （移动工具）将"小精灵"中的图像移到"毛绒玩具005"中，如图 2-77 所示。

图 2-76 素材　　　　　　　　　图 2-77 移动

◎03 执行菜单"图层/图层样式/外发光"命令，打开"外发光"对话框，其中的参数设置如图2-78所示。

◎04 设置完毕后单击"确定"按钮，效果如图2-79所示。

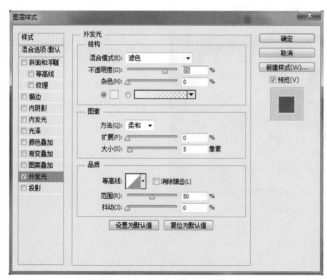

图 2-78 "外发光"对话框   图 2-79 添加外发光后

05 使用 T（横排文字工具）在打开素材中输入文字，如图 2-80 所示。

图 2-80 输入文字

06 在"图层"面板的图层 1 上单击鼠标右键，选择"拷贝图层样式"命令。在文字图层上单击鼠标右键，选择"粘贴图层样式"命令，如图 2-81 所示。

图 2-81 拷贝与粘贴图层样式

07 粘贴图层样式后，效果如图 2-82 所示。

图 2-82 最终效果

提 示

将文字与图像混合后制作半透明水印的方法是：直接调整"图层"面板中的"不透明度"，或者将多个图层合并后再调整不透明度，从而制作透明水印效果，如图 2-83 所示。

图 2-83 透明图像水印

2.3.4 快速为多个商品添加文字水印

网店的商品照片会很多，如何快速为多个照片添加水印就是一件很麻烦的事，下面学习通过定义画笔后，使用画笔工具按照每张照片的特点进行多个水印的添加。

操作步骤

01 启动 Photoshop 软件，打开随书附带光盘中的"素材 / 第 2 章 / 毛绒玩具 006"，使用 T（横排文字工具）输入文字，如图 2-84 所示。

02 按 Ctrl+T 键调出变换框，拖动控制点将文字旋转，如图 2-85 所示。

03 按回车键完成变换，按住 Ctrl 键单击文字图层的缩略图，调出文字的选区，如图 2-86 所示。

图 2-84 打开素材并输入文字

 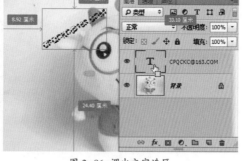

图 2-85 变换   图 2-86 调出文字选区

提 示

将文字或图像定义成画笔时最好使用深色，这样定义的画笔颜色会重一些。

04 执行菜单"编辑 / 定义画笔预设"命令，打开"画笔名称"对话框，其中的参数设置如图 2-87 所示。

图 2-87 "画笔名称"对话框

05 设置完毕后单击"确定"按钮，按 Ctrl+D 键去掉选区，隐藏文字图层，新建图层 1，如图 2-88 所示。

06 选择 ✐（画笔工具），在"画笔拾色器"中找到"水印画笔"，如图 2-89 所示。

 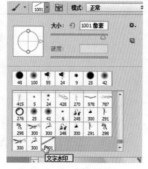

图 2-88 面板   图 2-89 选择水印

提示　定义的画笔可以在多个不同图像中进行应用，并且可以具有相同的属性。

◎07 设置"不透明度"为 56%，选择一种适合的前景色后，在素材上使用 ✎（画笔工具）单击即可为其添加多个水印，效果如图 2-90 所示。

图 2-90 添加水印

◎08 打开多个素材后，使用画笔可以添加水印。添加水印时，最好按照图像的特点在相应位置添加水印后再上传到网店中，效果如图 2-91 所示。

¥110.00　　　　　　销量：5
海盗猴系列纯棉充填物，不掉毛、不怕水洗、
对皮肤无过敏反应，正版行货。

¥120.00　　　　　　销量：0
礼琪系列毛绒玩具，纯棉充填物，不掉毛、不
怕水洗，对皮肤无过敏反应，德国原版设计。

¥40.00　　　　　　销量：30
小帽猴系列纯棉充填物，不掉毛、不怕水洗、
对皮肤无过敏反应，正版行货，猴年新品。

图 2-91 最终效果

提示

使用定义画笔预设的方法定义画笔后，可以按照不同照片的大小改变画笔大小，即可随意调整水印的大小，设置前景色后可以随意按照前景色设置水印颜色，还可以按照不同图片的效果随意改变添加水印的位置。

2.3.5　为商品图像添加情趣对话

网拍商品直接放在网店中出售，浏览者只能以欣赏商品的目光来看待此产品，如何为商品增加更多的人气，是每个店家都会考虑的事情，如果我们出售的是卡通商品，那么我们为商品照片添加一些情趣对话，无疑就会更能吸引购买者驻足，买家看的时间越长，促成购买的概率也就越大，下面就为大家讲解一下使用 Photoshop 为商品添加情趣对话的方法。

操作步骤

01 启动 Photoshop 软件，打开一张毛毛熊公仔商品照片，如图 2-92 所示。

图 2-92　素材

02 打开素材后我们发现两只小熊背对着观众相依在一起，当前的画面已经很温馨了，如果再加上一些文字，就会使照片更具有吸引力。选择![自定义形状工具图标]（自定义形状工具），在属性栏中设置"工具模式"为"形状"、"填充"为"无"、"描边"为"黑色"、"宽度"为2、在"描边选项"中选择虚线，如图 2-93 所示。

03 在"形状拾色器"弹出菜单中选择"台词框"，如图 2-94 所示。

04 选择"台词框"后，系统弹出如图 2-95 所示的对话框。

05 单击"确定"按钮，系统会使用"台词框"替换之前的形状，选择其中的一个对话框选项，如图 2-96 所示。

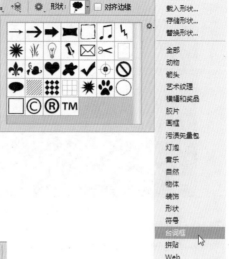

图 2-93　设置属性

图 2-94　选择

图 2-95 对话框

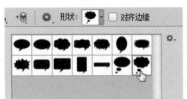

图 2-96 选择

06 使用▨（自定义形状工具）绘制黑色台词框，如图 2-97 所示。

07 使用 T（横排文字工具）在形状内部单击，此时会出现在形状内添加文字的状态，设置文字大小和字体，如图 2-98 所示。

08 在形状内输入文字，效果如图 2-99 所示。

09 使用文字工具将其中的个别文字选择，将其填充为红色，效果如图 2-100 所示。

图 2-97 绘制

图 2-98 路径内输入文字

图 2-99 输入文字

图 2-100 编辑文字

10 使用 T（横排文字工具）输入一个大一点的文字，如图 2-101 所示。

11 使用 T（横排文字工具）在左边输入文字，如图 2-102 所示。

图 2-101 输入文字

图 2-102 输入文字

○12 执行菜单"图层 / 图层样式 / 描边"命令，打开"描边"对话框，其中的参数设置如图 2-103 所示。

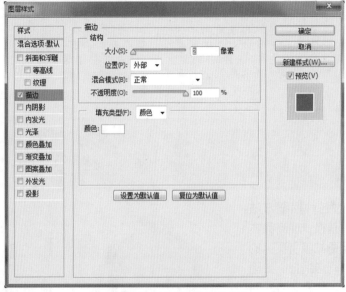

图 2-103 "描边"对话框

○13 设置完毕后单击"确定"按钮，至此为商品图像添加情趣对话制作完毕，效果如图 2-104 所示。

图 2-104 最终效果

第 3 章
商品图片更换背景

本章重点

- ✔ 选区抠图替换背景
- ✔ 路径抠图替换背景
- ✔ 通道抠图替换背景
- ✔ 蒙版抠图替换背景
- ✔ 综合抠图替换背景

在淘宝店铺中为宝贝替换背景,就是我们常说的抠图,如何对宝贝图片进行抠图,相信这个会是以后淘宝卖家们经常做的一件事。为什么要抠图呢?当然有很多方面,例如掌柜要做促销图片、宝贝图片要更换背景等。对于不同类型的商品而言,有一个与之相匹配的背景,无论是在单一图片的视觉上,还是在整体店铺的视觉上,都会给人赏心悦目的感觉,只有买家喜欢你的店铺,才会在此处进行消费,而这点才是卖家最需要的。

本章主要介绍通过各种抠图方法将网拍的商品进行背景替换,使商品本身更加凸显,视觉效果更加吸引买家的注意,从而间接地增加网店销量。如图3-1 所示的图像为更换背景前后的对比,重新更换的背景更能体现冲锋衣的特点。

图 3-1 网店中替换背景的商品

3.1 选区抠图替换背景

选区替换背景是抠图中最为直观的操作，不需要对选区进行转换就可以直接将选取的范围更换背景，在选区抠图中主要分为规则几何形状选区、不规则形状选区和智能选区三种。对选区操作的熟练程度可以直接影响产品边缘的细致效果。添加羽化可以使边缘更加柔和，并与背景融合得更加贴切。

3.1.1 规则几何形状选区替换背景

为网拍商品进行规则几何抠图可以分为圆形抠图与矩形抠图，在创建选区的过程中设置相应的羽化，可以使抠出的商品与新背景融合得更加贴切。

1. 矩形选区替换图片背景

在 Photoshop 中用来创建矩形选区的工具只有▣（矩形选框工具），▣（矩形选框工具）的使用方法是在图像中按住鼠标向对角拖动，松开鼠标即可创建选区，主要应用在对图像选区要求不太严格的图像中。

👤 操作步骤

🔄01 启动 Photoshop 软件，打开随书附带光盘中的"素材 / 第 3 章 / 眼镜熊和背景"，如图 3-2 所示。

🔄02 将"眼镜熊"素材作为当前编辑对象，在工具箱中选择▣（矩形选框工具）后，设置"容差"为 30，在"眼镜熊"周围创建选区，如图 3-3 所示。

图 3-2 素材　　　　　　　　　　　图 3-3 设置选区羽化

🔄03 使用▶┿（移动工具）将选区内的图像拖动到"背景"素材中，如图 3-4 所示。

提示

抠取的图像可以通过先按 Ctrl+C 键进行拷贝，再到背景文件中按 Ctrl+V 键进行粘贴的方法将其进行背景替换。

图 3-4 移动

技 巧

通过矩形选框工具或椭圆选框工具创建选区后抠图，如果不进行羽化设置，就会出现图像边缘与背景融合不协调的结果，羽化设置得过小或过大，都会出现不自然的结果，如图 3-5 所示的效果分别为羽化设置为 0、30、60 和 90 时替换背景的结果。

图 3-5 不同羽化值抠图的结果

○04 背景替换完毕后，为本店的商品制作一些用于吸引眼球的文字和图形宣传，首先使用 ⚙ （自定义形状工具）为商品绘制一个图形并对其进行描边，过程如图 3-6 所示。

图 3-6 绘制图形添加描边

○05 接下来制作文字，输入文字后调整文字位置并为其添加描边样式，过程如图 3-7 所示。

○06 接下来制作修饰效果和水滴标签，使用 ⚙ （自定义形状工具）在相应位置绘制心形和水滴并添加描边样式，过程如图 3-8 所示。

○07 接下来为商品输入文字，最好为文字使用反差较大的颜色，这样可以更加醒目，至此矩形选区替换背景讲解完毕，效果如图 3-9 所示。

图 3-7 输入文字并添加描边

图 3-8 绘制标签添加描边

图 3-9 最终效果

技巧　网拍商品制作完毕后，如果想改变网店的主色调，又不想再次制作一个广告效果的话，我们可以直接使用"色相／饱和度"为背景改变色调，以此配合主色调的变化，这样可以大大节省操作的时间。

2. 椭圆选区替换图片背景

在 Photoshop 中用来创建椭圆或正圆选区的工具只有 ▣（椭圆选框工具），▣（椭圆选框工具）的使用方法与 ▣（矩形选框工具）大致相同，具体操作流程如图 3-10 所示。

图 3-10 椭圆选区替换背景

3.1.2 不规则选区替换背景

不规则选区指的就是通过工具创建随意性的选区，该选区不受几何形状的局限，通过鼠标随意地拖动或单击来完成选区的创建，不规则抠图可以分为随意抠图和精细抠图。

不规则选区抠图可以更加细致地掌握产品的边缘，创建过程中可以按照自己的意愿对图像进行抠图。

1. 随意绘制选区范围替换背景

在 Photoshop 中使用 ◯（套索工具）可以在图像中创建任意形状的选择区域，◯（套索工具）通常用来创建不太精细的选区，这正符合套索工具操作灵活，使用简单的特点。使用该工具创建选区并抠图的方法非常简单，就像手中拿着铅笔绘画一样，创建后将其移到新背景中即可，操作过程如图 3-11 所示。

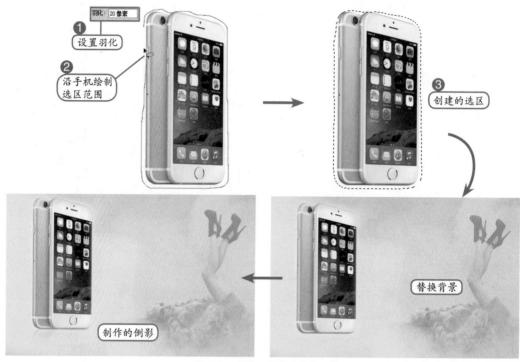

图 3-11　创建任意选区并进行抠图

2. 精确手动替换背景

在 Photoshop 中用来创建精确选区的工具主要包括 ◺（多边形套索工具）和 ◿（磁性套索工具），◺（多边形套索工具）通常用来创建较为精确的选区。创建选区的方法也非常简单，在不同位置上单击鼠标，即可将两点以直线的形式连接，起点与终点相交时单击，即可得到选区。

◿（磁性套索工具）可以在图像中自动捕捉具有反差颜色的图像边缘，并以此来创建选区，此工具常用在背景复杂但边缘对比度较强烈的图像。创建选区的方法也非常简单，在图像中选择起点后沿边缘拖动，即可自动创建选区。

本节讲解使用 ◺（多边形套索工具）和 ◿（磁性套索工具）相结合的方法对商品进行创建选区并抠图。

（👤）操作步骤

◯ 01 启动 Photoshop 软件，打开随书附带光盘中的"素材 / 第 3 章 / 抱枕"。在工具箱中选择 ◿（磁性套索工具），在属性栏中设置"羽化"为 1、"宽度"为 10、"对比度"为 15%、"频率"为 57，在抱枕的顶部单击创建选区起点，如图 3-12 所示。

◯ 02 沿抱枕边缘拖动鼠标，此时会发现 ◿（磁性套索工具）会在抱枕边缘创建锚点，如图 3-13 所示。

图 3-12 打开素材设置属性   图 3-13 创建过程

○03 当到抱枕底部的区域时图像像素之间变得反差不够强烈，此时需要按住 Alt 键将 🧲（磁性套索工具）变为 📐（多边形套索工具），在边缘处单击创建选区，如图 3-14 所示。

○04 移动鼠标到抱枕的另一边，图像边缘像素变得反差较大，此时松开 Alt 键，将工具恢复成 🧲（磁性套索工具），继续拖动鼠标创建选区，如图 3-15 所示。

图 3-14 转为多边形套索工具   图 3-15 转为磁性套索工具

○05 起点与终点相交时单击，即可创建选区，如图 3-16 所示。

○06 此时使用 ➕（移动工具）将选区内的图像进行移动，如图 3-17 所示。

图 3-16 创建选区   图 3-17 移动

○07 打开另一张作为背景的素材。使用 ➕（移动工具）将选区内的图像移动到新背景中完成抠图，如图 3-18 所示。

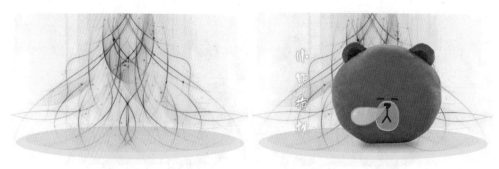

图 3-18 替换背景后

3.1.3 智能工具替换背景

　　智能选区抠图指的是通过设置相应参数后，使用鼠标在图像中单击或拖动时，系统自动按照鼠标经过的像素选择与之相似的范围创建选区，在 Photoshop 中智能创建选区的工具主要包括 ![] （魔棒工具）和 ![] （快速选择工具），还可以通过 ![] （魔术橡皮擦工具）快速去掉背景。

　　使用 ![] （魔棒工具）能选取图像中颜色相同或相近的像素，像素之间可以是相连的，也可以是不连续的。通常情况下使用 ![] （魔棒工具）可以快速创建图像颜色相近像素的选区，创建选区的方法非常简单，只要在图像的某个颜色像素上单击，系统便会自动以该选取点为样本创建选区，如图 3-19 所示。

图 3-19 魔棒创建选区

　　使用 ![] （快速选择工具）可以快速在图像中对需要选取的部分建立选区，使用方法非常简单，只要选择该工具后，使用鼠标指针在图像中拖动，即可将鼠标经过的地方创建选区，如图 3-20 所示。![] （快速选择工具）通常用来快速创建精确的选区。

图 3-20 创建选区

　　使用 ![] （魔术橡皮擦工具）可以快速去掉图像的背景。该工具的使用方法非常简单，只要选择要清除的颜色范围，单击即可将其清除，如图 3-21 所示。

图 3-21 魔术橡皮擦

下面讲解为拍摄的冲锋衣替换背景的方法。

操作步骤

⚙ 01 启动 Photoshop 软件，打开随书附带光盘中的"素材 / 第 3 章 / 冲锋衣"，如图 3-22 所示。在工具箱中选择🖌（快速选择工具），在选项栏中设置"画笔"的直径为 15、"硬度"为 70%，勾选"自动增强"复选框，如图 3-23 所示。

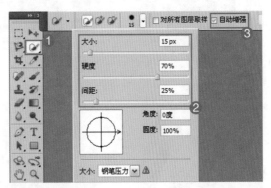

图 3-22 冲锋衣　　　　　　　　　　　　　　　　图 3-23 设置工具

⚙ 02 使用🖌（快速选择工具），在冲锋衣的衣领处按下鼠标，在整个衣服上拖动，如图 3-24 所示。

图 3-24 创建选区

⚙ 03 选区创建完毕后，使用➕（移动工具）将选区内的图像移动到新背景中完成背景替换，效果如图 3-25 所示。

◔04 从打开的素材中我们可以看到背景的颜色比较一致，可以使用 🔍（魔棒工具）在背景上单击，调出选区后，按 Ctrl+Shift+I 键将选区反选，使用 ➕（移动工具）将选区内的图像移动到新背景中完成背景替换，效果如图 3-26 所示。

◔05 从打开的素材中我们可以看到背景的颜色比较一致，也可以使用 🔲（魔术橡皮擦工具）在背景上单击，再使用 ➕（移动工具）将图像移动到新背景中完成背景替换，效果如图 3-27 所示。

◔06 在网店中常见的抠图替换背景效果，如图 3-28 所示。

图 3-25 快速选择工具替换背景

图 3-26 魔棒工具替换背景

图 3-27 魔术橡皮擦工具替换背景

图 3-28 替换背景

3.2 路径抠图替换背景

路径是抠图中对图像边缘处理最为细致的操作。

Photoshop 中的路径指的是在文档中使用钢笔工具或形状工具创建的贝塞尔曲线轮廓，路径可以是直线、曲线或者是封闭的形状轮廓，多用于自行创建的矢量图形或对图像的某个区域进行精确抠图。路径不能够打印输出，只能存放于"路径"面板中，如图 3-29 所示。通常情况下对需要抠图的区域创建路径后，一定要将其转换为选区才能进行抠图操作。

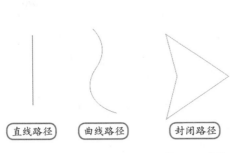

图 3-29 路径

路径抠图可以适用于任何边缘平滑的商品，通过路径抠图可以非常完美地将产品更换背景或将多个商品聚集到一起，如图 3-30 所示。

图 3-30 钢笔工具抠图

提示

路径抠图的缺点是不能为毛绒玩具或模特的发丝进行抠图。

3.2.1 路径的创建

路径包括直线路径、曲线路径和封闭路径三种，下面详细讲解不同路径的绘制方法和使用的工具。

（钢笔工具）可以精确地绘制出直线或光滑的曲线，还可以创建形状图层。

该工具的使用方法非常简单。只要在页面中选择一点单击，移动到下一点再单击，就会创建直线路径；在下一点按下鼠标并拖动会创建曲线路径，按回车键绘制的路径会形成不封闭的路径；在绘制路径的过程中，当起始点的锚点与终点的锚点相交时鼠标指针会变成 形状，此时单击鼠标，系统会将该路径创建成封闭路径。下面使用（钢笔工具）绘制直线路径、曲线路径和封闭路径。

操作步骤

01 启动 Photoshop 软件，新建一个空白文档，选择（钢笔工具）后，在页面中选择起点单击❶，移动到另一点后再单击❷，会得到如图 3-31 所示的直线路径。按回车键直线路径绘制完毕。

02 新建一个空白文档，选择（钢笔工具）后，在页面中选择起点单击❶，移动到另一点❷后按下鼠标拖动，会得到如图 3-32 所示的曲线路径。按回车键曲线路径绘制完毕。

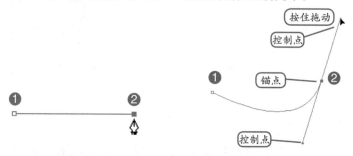

图 3-31 直线路径　　　　图 3-32 曲线路径

03 新建一个空白文档，选择（钢笔工具）后，在页面中选择起点单击❶，移动到另一点❷后按下鼠标拖动，松开鼠标后拖动到起始点❸单击，会得到如图 3-33 所示的封闭路径。

图 3-33 封闭路径

3.2.2 将路径转换为选区

通过（钢笔工具）创建的路径是不能直接进行抠图的，此时我们只要将创建的路径转换为选区，就可以应用（移动工具）将选区内的图像移动到新背景中完成抠图。在 Photoshop 中将路径转换为选区的方法很简单，可以是直接通过按 Ctrl+Enter 键将路径转换为选区；还可以通过"路径"面板中的（将路径作为选区载入）按钮将路径转换为选区；如果在 Photoshop CS6 中操作，就可以直接在属性栏中单击（建立选区）按钮将路径转换为选区；或者在弹出菜单中执行"建立选区"命令，将路径转换为选区，如图 3-34 所示。

图 3-34 将路径转换为选区

3.2.3 通过路径为女性人物抠图替换背景

本节讲解使用 ✐（钢笔工具）为女性人物进行抠图，制作一个出售管理系统店铺的全屏广告，在抠图的过程中主要了解 ✐（钢笔工具）在实际操作中的使用技巧。

操作步骤

○01 启动 Photoshop 软件，打开随书附带光盘中的"素材 / 第 3 章 / 女医生"，如图 3-35 所示。

○02 选择 ✐（钢笔工具），在属性栏中选择"模式"为"路径"，在女医生的头发边缘单击创建起始点，沿边缘移动到另一点按下鼠标创建路径连线后拖动鼠标将连线调整为曲线，如图 3-36 所示。

图 3-35 素材

图 3-36 创建并调整路径

○03 松开鼠标后，将鼠标指针拖动到锚点上按住 Alt 键，此时鼠标指针右下角出现一个 ↖ 符号，单击鼠标将后面的控制点和控制杆消除，如图 3-37 所示。

图 3-37 拖动控制杆

技 巧 　　使用 ✐（钢笔工具）沿图像边缘创建路径时，创建曲线后当前锚点会同时拥有曲线特性，在创建下一点时如果不是按照上一锚点的曲线方向进行创建，将会出现路径不能按照自己的意愿进行调整的尴尬局面，此时我们只要结合 Alt 键在曲线的锚点上单击取消锚点的曲线特性，再进行下一点曲线创建时就会非常容易，如图 3-38 所示。

图 3-38 编辑

◎ **04** 到下一点按住鼠标拖动创建贴合图像的路径曲线，再按住 Alt 键在锚点上单击，如图 3-39 所示。

图 3-39 创建路径并编辑

◎ **05** 使用同样的方法在人物边缘创建路径，过程如图 3-40 所示。

◎ **06** 当起点与终点相交时，指针右下角出现一个圆圈，单击鼠标完成路径的创建，如图 3-41 所示。

图 3-40 创建路径

图 3-41 创建路径

07 路径创建完毕后，按 Ctrl+Enter 键将路径转换为选区，如图 3-42 所示。

图 3-42 将路径转换为选区

08 打开随书附带光盘中的"素材 / 第 3 章 / 背景 3"，将此作为全屏广告的背景，如图 3-43 所示。

图 3-43 背景

09 使用 ⊞ (移动工具) 将选区内的图像移动到新背景中, 如图 3-44 所示。

图 3-44 抠图后

10 使用 T. (横排文字工具) 在背景合适的位置输入文字, 如图 3-45 所示。

图 3-45 输入文字

11 打开随书附带光盘中的 "素材 / 第 3 章 / 丝带", 如图 3-46 所示。

图 3-46 丝带素材

12 使用 ⊞ (移动工具) 将其拖曳到新背景中, 完成本例的操作, 如图 3-47 所示。

图 3-47 最终效果

3.3 通道抠图替换背景

通道抠图可以对图像进行局部半透明处理，此抠图通常应用在婚纱、玻璃制品等商品中，如图 3-48 所示。

在 Photoshop 中"通道"面板列出了图像中的所有通道，对于 RGB、CMYK 和 Lab 图像，将最先列出复合通道。通道内容的缩览图显示在通道名称的左侧，在编辑通道时会自动更新缩览图，"通道"面板中一般包含复合通道、颜色通道、专色通道和 Alpha 通道，如图 3-49 所示。

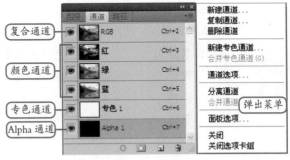

图 3-48 通道抠图效果   图 3-49 "通道"面板

技巧

利用快捷键可以在复合通道与单色通道、专色通道和 Alpha 通道之间转换，按 Ctrl+2 键可以直接选择复合通道，按 Ctrl+3、4、5、6、7 等快捷键可以快速选择单色通道、专色通道和 Alpha 通道，面板中的通道越多，按数字顺序快捷键出现相应的 Ctrl+ 数字。

3.3.1 通道的编辑

使用通道进行抠图时，通常需要使用一些工具结合"通道"面板进行操作，在操作完毕之后必须要把编辑的通道转换为选区，再通过 移动工具 （移动工具）将选区内的图像拖动到新背景中完成抠图。对通道进行编辑时主要使用 画笔工具 （画笔工具），通道中的黑色部分为保护区域，白色部分为可编辑区域，灰色部分将会创建半透明效果，如图 3-50 所示。

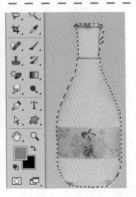

图 3-50 编辑 Alpha 通道

图 3-50 编辑 Alpha 通道（续）

通常情况下，使用黑色、白色以及灰色编辑通道可以参考下表进行操作。

涂抹颜色	彩色通道显示状态	载入选区
黑色	添加通道覆盖区域	添加到选区
白色	从通道中减去	从选区中减去
灰色	创建半透明效果	产生的选区为半透明

3.3.2 使用通道为透明婚纱抠图替换背景

本节讲解使用 ✐（画笔工具）为婚纱创建选取范围，再在"通道"面板中为婚纱的透明部分进行半透明抠图。

操作步骤

◎01 启动 Photoshop 软件，打开随书附带光盘中的"素材/第 3 章/婚纱模特"，如图 3-51 所示。

◎02 转换到"通道"面板，拖动"蓝"通道到 ◻（创建新通道）按钮上，得到"蓝副本"通道，如图 3-52 所示。

◎03 执行菜单"图像/调整/色阶"命令，打开"色阶"对话框，其中的参数设置如图 3-53 所示。

图 3-51 素材

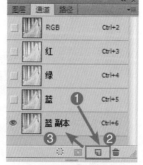

图 3-52 复制通道

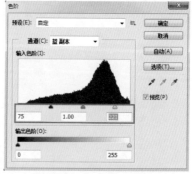

图 3-53 "色阶"对话框

◎04 设置完毕后单击"确定"按钮，效果如图 3-54 所示。

◎05 将前景色设置为"黑色"，使用 ✐（画笔工具）在人物以外的位置拖动，将周围填充为黑色，效果如图 3-55 所示。

◎06 再将前景色设置为"白色",使用 ✐ (画笔工具) 在人物上拖动,切忌不要在应该透明的位置上涂抹,效果如图 3-56 所示。

  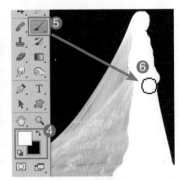

图 3-54 色阶调整后 　　　　图 3-55 编辑通道 　　　　图 3-56 编辑通道

◎07 选择复合通道,按住 Ctrl 键单击"蓝副本"通道,调出图像的选区,如图 3-57 所示。

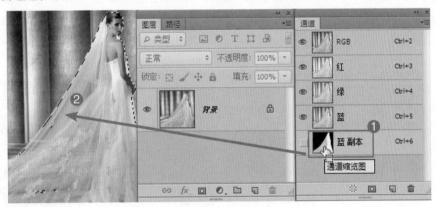

图 3-57 调出选区

◎08 按 Ctrl+C 键拷贝选区内的图像,再打开随书附带光盘中的"素材 / 第 3 章 / 海边背景",如图 3-58 所示。

◎09 素材打开后,按 Ctrl+V 键粘贴拷贝的内容,按 Ctrl+T 键调出变换框,拖动控制点将图像进行适合的缩放,效果如图 3-59 所示。

图 3-58 素材 　　　　　　图 3-59 变换

◎10 按回车键完成变换后,再输入一些文字,最终效果如图 3-60 所示。

图 3-60 最终效果

3.4 蒙版抠图替换背景

蒙版抠图可以对图像进行保护式的抠图，蒙版区域可以将图像隐藏，但是原图整体却没有遭到破坏，如图 3-61 所示。在蒙版抠图中编辑图像主要通过 (画笔工具)、 (橡皮擦工具)、 (渐变工具) 以及矢量蒙版中的 (钢笔工具) 进行抠图操作。对于蒙版抠图大体可分为快速蒙版抠图和图层蒙版抠图。

图 3-61 应用蒙版

3.4.1 快速蒙版抠图替换背景

在 Photoshop 中将图像中的部分图像提取出来，这是一件既简单又复杂的事情，大家都有自己不同的方法去抠图。对初学者来说，抠图是一件很头痛和费时的苦差事，在这里介绍一种简单实用且较为精确的抠图方法，即使用快速蒙版和 ，只要在快速蒙版状态下选择与之直径相适应的画笔涂抹即可，转换到标准模式后会自动将涂抹的区域转换为选区，此时移动选区内的图像到新背景中即可完成抠图。

操作步骤

◎01 启动 Photoshop 软件，打开随书附带光盘中的"素材 / 第 3 章 / 洗衣液"，如图 3-62 所示。

◎02 在工具箱中将前景色设置"黑色"，单击 按钮，进入快速蒙版模式状态，如图 3-63 所示。

◎03 进入快速蒙版模式后，使用 在产品上进行涂抹，如图 3-64 所示。

图 3-62 素材　　　　图 3-63 快速蒙版　　　　图 3-64 编辑快速蒙版

技巧

在快速蒙版模式下，使用 进行编辑时，编辑的蒙版区域与"前景色"相对应；使用 进行编辑时，编辑的蒙版区域与"背景色"相对应。

◎04 随时调整画笔大小后在整个产品上进行涂抹，过程如图 3-65 所示。

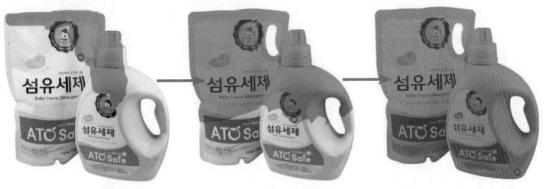

图 3-65 编辑快速蒙版

技巧

在快速蒙版模式下如果编辑范围超出了图像，只要将对应的颜色调整为白色，即可将多出的范围清除掉，如图 3-66 所示。

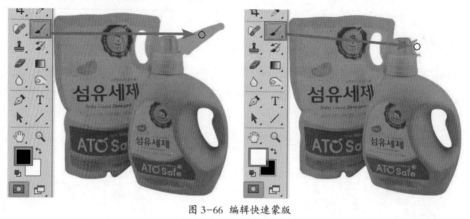

图 3-66 编辑快速蒙版

05 蒙版编辑完毕后，单击 ▣ （以标准模式编辑）按钮，此时会将编辑的蒙版转换为选区，如图 3-67 所示。

06 执行菜单"选择/反向"命令或按 Shift+Ctrl+I 键将选区反选，此时选区范围会在产品上，如图 3-68 所示。

图 3-67 以标准模式编辑

图 3-68 反选

07 打开一张背景素材，如图 3-69 所示。

图 3-69 素材

08 使用 ➡（移动工具）将选区内的图像移动到新背景中，输入与之对应的宣传文字以及添加产品的阴影，使其融为一体，此时抠图替换背景完成，效果如图 3-70 所示。

图 3-70 最终效果

3.4.2 图层蒙版抠图

通过图层蒙版可以更加直观地对图像进行抠图，抠图后不会对原图进行破坏，如果需要原图只要将蒙版隐藏，即可恢复原图本来面貌，在图层中编辑蒙版可以通过 ✏（画笔工具）、◻（橡皮擦工具）和 ◼（渐变工具）进行操作。

1. 渐变工具编辑蒙版替换背景

在 Photoshop 中使用 ◼（渐变工具）可以将两张图片进行渐进式的融合，方式包含线性渐变、径向渐变、角度渐变、对称渐变以及菱形渐变，通过 ◼（渐变工具）为网拍商品抠图替换背景时多数会使用径向渐变和菱形渐变，因为这两种渐变可以将产品保留的同时虚化背景并将其与另一张图片进行融合，如图 3-71 所示。

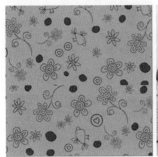   

图 3-71 渐变抠图替换背景

2. 画笔工具编辑蒙版替换背景

在 Photoshop 中使用 ✏（画笔工具）或 ◻（橡皮擦工具）编辑蒙版抠图可以更加细致地将两张图片进行融合并不对图像进行破坏。相对于 ◼（渐变工具）可以将边缘处理得更加细致。

👤 操作步骤

01 启动 Photoshop 软件，打开随书附带光盘中的"素材/第3章/糖果和糖果背景"，如图 3-72 所示。

图 3-72 素材

◎02 使用 ➍ （移动工具）将"糖果"图像拖动到"糖果背景"图像中，单击 ▣ （添加图层蒙版）按钮，为图层 1 添加一个空白蒙版，如图 3-73 所示。

◎03 将前景色设置为"黑色"，使用 ✐ （画笔工具）在糖果边缘进行涂抹，不要涂到糖果上面，如图 3-74 所示。

图 3-73 添加图层蒙版　　　　　　　　　　　　　　　　　　图 3-74 编辑

◎04 使用 ✐ （画笔工具）编辑的过程中尽量按照图像的需要随时调整画笔的直径大小，在糖果以外的区域进行涂抹，过程如图 3-75 所示。

图 3-75 编辑

05 此时的"图层"面板，如图 3-76 所示。

06 为图层 1 添加一个"投影"样式，使糖果看起来与背景更加融合，如图 3-77 所示。

07 输入与之对应的文字，如图 3-78 所示。

图 3-76 图层　　　　　　　　　图 3-77 添加投影　　　　　　　　图 3-78 输入文字

08 为了使文字更加凸显，只要对其添加"描边和外发光"样式即可，此时本例制作完成，效果如图 3-79 所示。

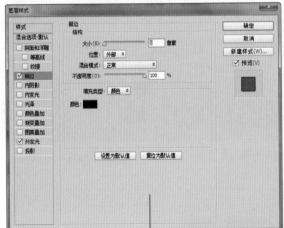 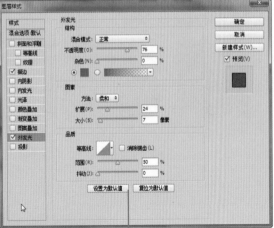

图 3-79 最终效果

3.5 综合抠图替换背景

对网拍商品或模特进行背景替换时，只使用一种抠图方法往往不能够得到较好的效果，通常情况下卖家都会使用几种抠图方法进行操作，这样做的好处是针对不同位置可以将边缘处理得更加得体，例如对于模特的头发就不能使用路径进行抠图，如果强行使用路径会造成模特没有发丝的效果，如图 3-80 所示。

图 3-80 综合抠图

第 4 章
网店视觉细节

本章重点

- ✓ 统一间距与对齐
- ✓ 为网拍商品制作统一边框
- ✓ 为商品添加标签
- ✓ 放大商品的局部特征
- ✓ 调整细节增加商品视觉效果
- ✓ 将模糊照片调清晰

商品图片上传到网店之前需要注意一些细节问题，目的是为了让商品在进入网店后更加具有吸引力，使其在同类型产品中获得更多买家的关注。对于同样的商品照片，如果不在细节上进行一些调整，往往会给浏览的买家一种都差不多的感觉，从而丧失出售的商机。

本章主要介绍如何对店铺的细节进行处理，如统一间距与对齐、设置边框、添加标签等，从而使卖家店铺中的商品与其他店铺中的同类商品有所区别，尽可能地吸引买家的眼球。如图 4-1 和 4-2 所示图像为注意细节和对细节不太注意的效果。

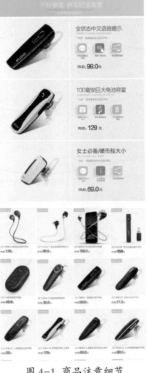

图 4-1　商品注意细节

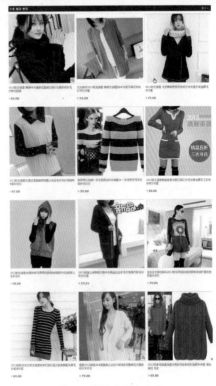

图 4-2　商品不注意细节

4.1 统一间距与对齐

如果对图像的间距或对齐方式不进行统一的话，整个页面看起来就会有一种十分凌乱的感觉，在视觉中让浏览者看着不舒服，如图 4-3 至图 4-5 所示的图像为间距不同、没有对齐和全都调整好的效果。

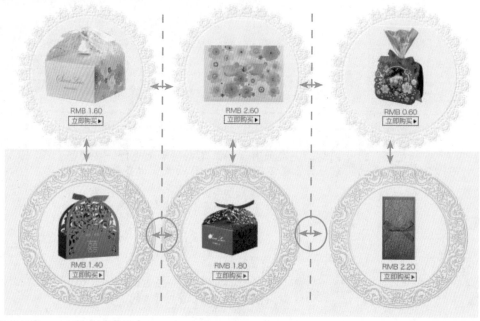

图 4-3　间距不统一

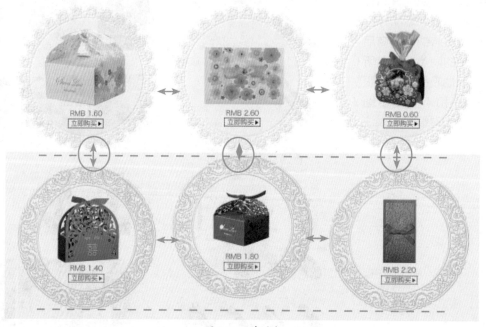

图 4-4　没有对齐

图 4-5 调整后的最终效果

　　通过上面显示的图像，我们可以十分清楚地看到调整间距与对齐细节在整体页面中的重要性，细节调整后会使整个页面看起来平整有序，以至于不会对页面中的商品产生厌烦感。

4.2 统一边框

　　对于多个网店商品，如果在页面中只是单单进行一下排列摆放，虽然能够起到整体划一的效果，但是不能把单独的商品进行更好的视觉展现。如果为所有商品照片裁剪成统一的大小后，再添加与之对应的相同边框，就可以大大提升单个商品的细节效果，对于整体而言也会起到赏心悦目的作用。

4.2.1 按图片颜色为其添加边框

　　图片本身是有背景的，而且色彩也是多样的，在给图片添加边框时最好选取与图片背景同一个基色的颜色，而且最好选取图片最边上的色彩的深基色，如果边上有多种颜色，就选取最多的那个颜色，如图 4-6 所示的图像为不同边框的效果，从中我们可以轻松地看出哪种颜色最适合图像的描边。

图 4-6 边框

图 4-6 边框（续）

对多个商品进行摆放时，如果不将边框颜色进行统一，那么整体看上去就会十分的不舒服，如图 4-7 所示。

图 4-7 统一边框颜色

4.2.2 细致调整图像背景的边缘

当对一个商品照片的大小进行调整后，正常情况下会留下 1 像素的毛边，边界会变得模糊，如果继续调整，模糊度就会加大。这个问题看起来太不起眼了，以至于无法用肉眼来察觉，但是图像背景的边缘看起来总是感觉怪怪的，下面我们先用一张网拍毛绒玩具的图片进行举例，如图 4-8 所示。

图 4-8 细致调整背景边缘

表面看不出太大异样，放大后边缘出现毛边

精确调整后的效果

提 示

消除图像边缘的方法是在图像上绘制一个稍小一点的选区，反选后删除像素内容，如图 4-9 所示。

图 4-9 细节调整

单独查看图像，看起来并不是太明显，我们可以对排列的商品整体进行查看，此时的边缘可以十分清楚地看出精细调整与之前的对比效果，如图 4-10 所示。

图 4-10 对比

4.2.3 统一边框样式

为商品添加边框，不单单只是针对边框的颜色，即使使用同样的颜色，如果每个图像不应用同样的边框样式，那么整体看起来也会不舒服。如果选择的图像背景颜色不一致，此时单独添加边框，就会使整体看起来十分尴尬，但要是为其添加一个白色描边后，再进行统一边框，则会消除当前的尴尬，如图 4-11 所示。

图 4-11 对比

通过上面显示的对比图像，统一的边框样式不但会对页面整体起到顺眼的视觉效果，还会对单独的商品起到修饰与美化的作用，从而给买家留下较深的印象，在对比别家的商品后，还会返回本店继续了解详细信息，在销量上会增加很大的砝码。

当背景选择深色时，如果图像的边框还是以深色作为描边色，就会看不出效果。在深色背景下可以有两种方案，一种是去掉外框，添加白色边框；另一种是将外框颜色加亮，边框与图片之间留出统一的间距，如图 4-12 所示。

图 4-12 深色背景

4.2.4 商品图片边框的制作

为商品添加边框会将浏览者的目光聚集到边框内的图片上，从而使买家可以更容易地对商品产生兴趣。

操作步骤

01 启动 Photoshop 软件，打开随书附带光盘中的"素材 / 第 4 章 / 趴趴熊猫"，如图 4-13 所示。

02 按 Ctrl+J 键复制背景得到一个图层 1，如图 4-14 所示。

03 执行菜单"图层 / 图层样式 / 描边"命令，打开"描边"图层样式对话框，将描边颜色设置为边缘背景的深基色，其中的参数设置如图 4-15 所示。

04 在对话框左边单击"内发光"，打开"内发光"对话框，其中的参数设置如图 4-16 所示。

05 设置完毕后单击"确定"按钮，效果如图 4-17 所示。

图 4-13 素材　　　　　　　　　　　图 4-14 图层

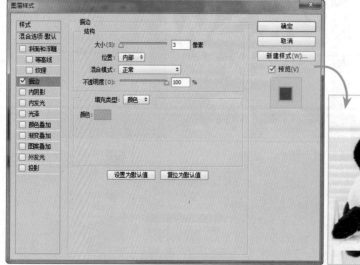

图 4-15 描边

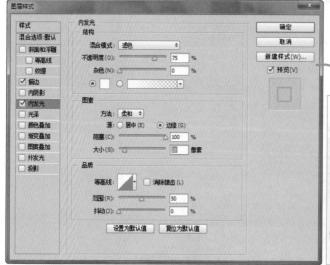

图 4-16 内发光　　　　　　　　　　图 4-17 最终边框效果

技 巧

还可以通过"画布大小"命令为图片添加边框，如图 4-18 所示。

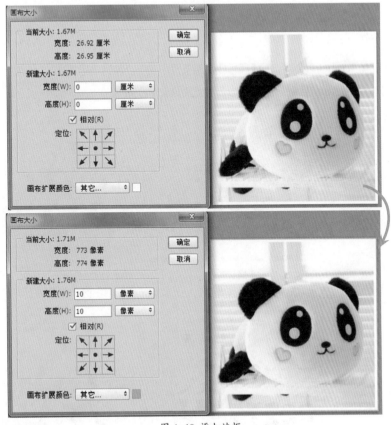

图 4-18 添加边框

4.3 为商品添加标签

在商品中添加与之对应的标签可以对原商品起到醒目的作用，能够以最直观的效果传达当前在售商品的销售信息以及与之相关的附加信息。商品中的标签主要包括促销标签、价格标签、分类标签等，如图 4-19 所示。

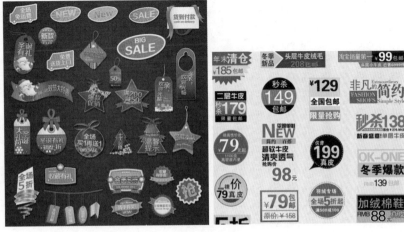

图 4-19 标签

为商品添加分类标签后，在图片中就能看到商品在网店中所处的分类，下面来完成商品分类标签的制作。

操作步骤

01 启动 Photoshop 软件，打开随书附带光盘中的"素材 / 第 4 章 / 萌图宝宝"，如图 4-20 所示。

02 根据本章之前的内容为素材添加一个边框样式，如图 4-21 所示。

图 4-20 素材　　　　　　　　　图 4-21 添加边框样式

03 使用 ✐（自定义形状工具）选择形状，在素材右上角绘制一个白色形状，如图 4-22 所示。

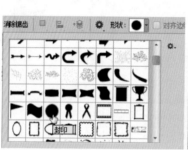

图 4-22 绘制形状

04 为绘制的形状添加"投影"样式，效果如图 4-23 所示。

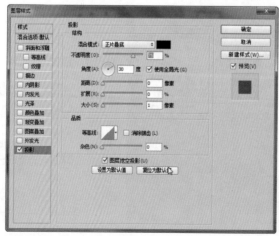

图 4-23 图层样式

◎05 使用 ◯ (椭圆工具)绘制一个粉色正圆,在正圆上使用 ▦ (矩形选框工具)绘制一个矩形选区,如图 4-24 所示。

图 4-24 绘制正圆和选区

◎06 执行菜单"图层 / 新建调整图层 / 色相 / 饱和度"命令,新建一个"色相 / 饱和度"调整图层,在"属性"面板中调整参数,效果如图 4-25 所示。

◎07 输入宣传文字完成本例的制作,效果如图 4-26 所示。

图 4-25 设置调整图层   图 4-26 最终效果

将添加标签后的图像进行排列后,会使买家轻而易举地得到分类信息,整体看起来也十分工整,如图 4-27 所示。

图 4-27 添加统一标签

4.4 放大商品的局部特征

除了将网店商品整体展现出来以外,还可以将该商品的局部进行放大显示,从而吸引浏览者更多的目光,局部放大商品主要用在品牌、价格以及不同样式中,使当前商品的特征能够更加醒目,如图 4-28 所示。

图 4-28 局部放大

　　为商品制作局部放大效果，可以让浏览的买家能够最快最直接地了解到当前商品，例如放大图片的特点区域、放大同类商品的紧缺类型等，从而抓住买家的购买心理。下面来进行商品局部放大的制作。

👤 操作步骤

◎01 启动 Photoshop 软件，打开随书附带光盘中的"素材 / 第 4 章 / 小黄人"，如图 4-29 所示。

◎02 因为位图由小变大会失真，所以制作局部放大效果时通常使用将背景图缩小的方法。复制一个"背景"图层，按 Ctrl+A 键调出选区，选择"背景"图层，按 Ctrl+T 键调出变换框，拖动控制点将图像缩小，如图 4-30 所示。

图 4-29 素材　　　　　　　　　　　图 4-30 复制背景并变换背景

◎03 按回车键完成变换，按 Ctrl+D 键去掉选区，之后选择"背景拷贝"图层，使用 ◎（椭圆选框工具）为图片中比较有特点的部分绘制 3 个选区，如图 4-31 所示。

◎04 按 Ctrl+C 键复制选区内容，再按 Ctrl+V 键粘贴，将选区内的图像复制到新图层中，调整位置，隐藏"背景拷贝"图层，如图 4-32 所示。

◎05 使用 ✎（钢笔工具）绘制路径，将前景色设置为"绿色"，在"路径"面板中单击"用前景色填充路径"按钮，为路径填充绿色，如图 4-33 所示。

图 4-31 绘制选区

图 4-32 粘贴

图 4-33 填充路径

◎06 设置"不透明度"为 17%，再绘制一个绿色正圆，调整不透明度，效果如图 4-34 所示。

图 4-34 设置不透明度

◎07 选择 ✎（画笔工具），按 F5 键打开"画笔"面板，其中的参数设置如图 4-35 所示。

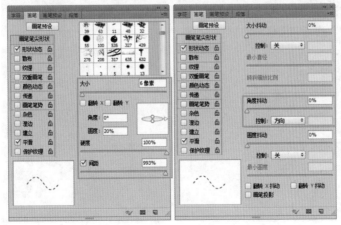

图 4-35 设置画笔

08 将前景色设置为"橘色"，在"路径"面板中单击"用画笔描边路径"按钮，效果如图 4-36 所示。

图 4-36 描边路径

09 使用同样的方法制作另外两个图像的描边与填充，至此本例制作完毕，效果如图 4-37 所示。

图 4-37 最终效果

4.5 调整细节增加商品视觉效果

　　如果直接为网店商品更换一个背景，那么看起来会使整个广告显得平庸而没有生机，如果在这个基础上为其调整背景，为商品添加倒影、投影等效果，就会使商品的视觉变得更加立体，从而更加吸引人，如图 4-38 所示。

图 4-38 倒影与投影

图 4-38 倒影与投影（续）

4.5.1 添加倒影与阴影丰富商品图片

商品的促销不单单体现在文字上，一个好的商品视觉效果不但看起来养眼，而且还能无形中加大网上的销售力度。

操作步骤

○ 01 启动 Photoshop，打开随书附带光盘中的"素材 / 第 4 章 / 化妆品 5 件套"，如图 4-39 所示。

○ 02 将素材移到新建的空白文档中，输入文字和绘制价格标签，如图 4-40 所示。

图 4-39 素材

图 4-40 输入文字和绘制标签

○ 03 复制商品图层得到副本图层，将副本进行垂直翻转，向下移动并为其使用 ▧（渐变工具）编辑蒙版，效果如图 4-41 所示。

○ 04 新建图层，绘制一个"羽化"为 5 的矩形选区并填充深色，效果如图 4-42 所示。

○ 05 使用"液化"滤镜对倒影进行编辑，使其更加完美，效果如图 4-43 所示。

○ 06 此时商品部分已经非常具有立体感，下面再对背景进行调整，使整体看起来更加立体、更加吸引人，如图 4-44 所示。

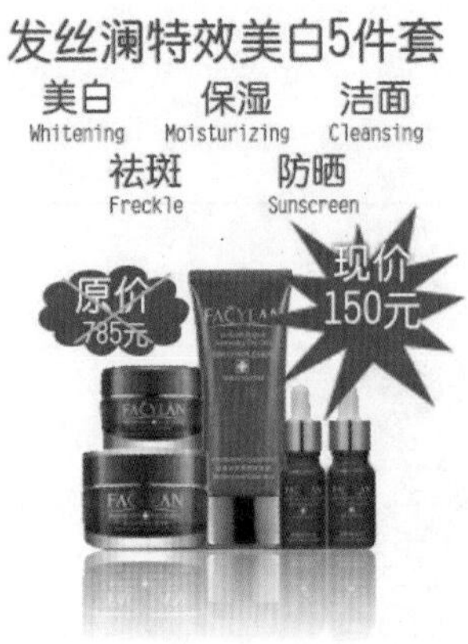
发丝澜特效美白5件套
美白 Whitening
保湿 Moisturizing
洁面 Cleansing
祛斑 Freckle
防晒 Sunscreen
原价 785元
现价 150元

图 4-41 倒影

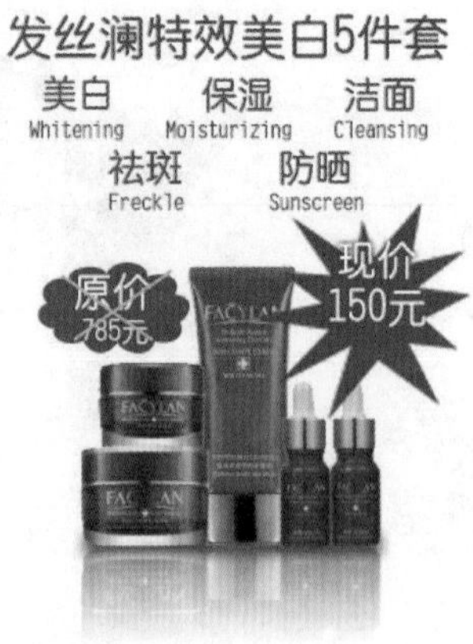
发丝澜特效美白5件套
美白 Whitening
保湿 Moisturizing
洁面 Cleansing
祛斑 Freckle
防晒 Sunscreen
原价 785元
现价 150元

图 4-42 阴影

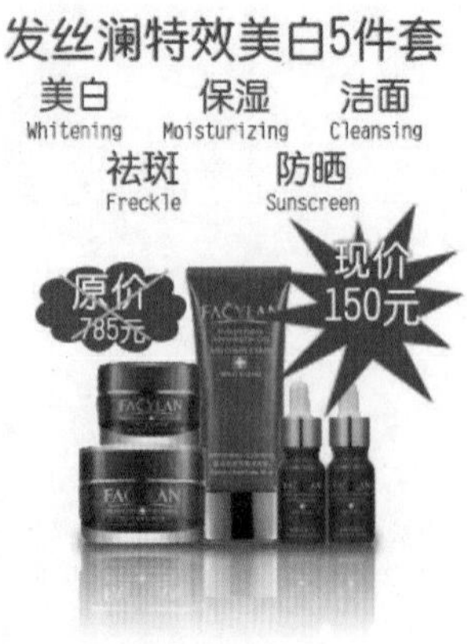
发丝澜特效美白5件套
美白 Whitening
保湿 Moisturizing
洁面 Cleansing
祛斑 Freckle
防晒 Sunscreen
原价 785元
现价 150元

图 4-43 编辑倒影

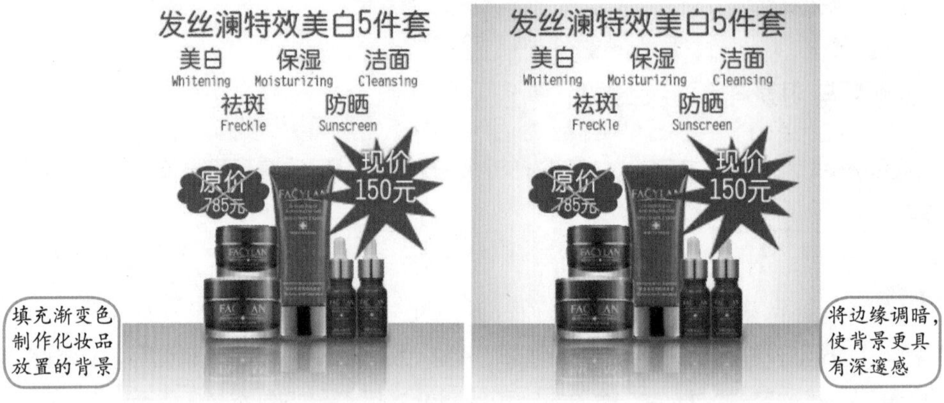
填充渐变色制作化妆品放置的背景
发丝澜特效美白5件套
美白 Whitening
保湿 Moisturizing
洁面 Cleansing
祛斑 Freckle
防晒 Sunscreen
原价 785元
现价 150元
发丝澜特效美白5件套
美白 Whitening
保湿 Moisturizing
洁面 Cleansing
祛斑 Freckle
防晒 Sunscreen
原价 785元
现价 150元
将边缘调暗，使背景更具有深邃感

图 4-44 调整背景

07 使用同样方法可以制作大幅的系列产品广告效果，如图 4-45 所示。

FACYLAN
法丝澜
法丝澜分肤质美白淡斑，为您打造专属美白
pH<7，更好呵护肌肤，安全淡斑不反弹
法丝澜全天美白特效护肤组合5件套使用顺序：
白天美白护肤：洗面奶→调理霜
晚上美白淡斑：洗面奶→细胞母液→祛斑霜
28天为一个调理周期，
与法丝澜其他产品配套使用，效果更佳

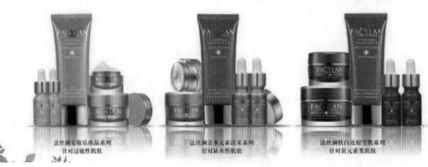

图 4-45 倒影与阴影

4.5.2　图像的构图类型

　　无论是用于宣传作用的广告区域，还是对宝贝内容进行详细展示的宝贝详情，又或者直接就是上传的宝贝图片，如果构图不够合理，就会在视觉上起到相反的吸引作用。通过图片传达给浏览者的信息，通常是要大家接受你的想法和展现的图片内容。大家看到画面时遇到的第一关即是构图问题，好的构图能够让大家感受到作品的美感，如图 4-46 所示的效果为几张正确构图与不正确构图的对比效果。

图 4-46　构图正确与否

对于拍摄的商品构图还是要先考虑的，这样会将商品的特色直接表现出来，通常的拍摄构图细节主要体现在以下几点。

1. 横式构图

横式构图是商品呈横向放置或横向排列的横幅构图方式。这种构图给人的感觉是稳定和可靠，多用于表现商品的稳固，并给人安全感，是一种常用的拍摄构图方式，如图 4-47 所示。

图 4-47 横式构图

2. 竖式构图

竖式构图是商品呈竖向放置或竖向排列的竖幅构图方式。这种构图给人的感觉是高挑和秀朗，常用来拍摄长条或者竖立的商品，如图 4-48 所示。

3. 斜式构图

斜式构图是商品呈斜向摆放的构图方式。这种构图的特点是富有动感、个性突出，对于表现造型、色彩或者理念等较为突出的商品，斜式构图方式较为常用，使用得当可以使画面得到不错的效果，如图 4-49 所示。

图 4-48 竖式构图

图 4-49 斜式构图

4. 黄金分割法式构图

在摄影构图中一般比较忌讳将拍摄的主体置于画面正中间的位置，然而这又是很多网商拍摄者常常会犯的错误。在黄金分割法的构图方式中，画面的长宽比例通常为 1:0.7，由于按此比例设计的造型十分美丽，因此被称为黄金分割，在黄金分割的九宫格内相交的四个点是放置主体的位置，这样可以将画面布置得更加完美，如图 4-50 所示。

图 4-50 黄金分割法式构图

5. 对称式构图

为了使主体更加凸显,在拍摄时常常将其放置到画面的中间,左右基本对称,这样做的目的是因为很多人喜欢把视平线放在中间,上下的空间比例大体匀称。对称式构图具有平衡、稳定和相呼应的特点,但是缺点是表现呆板、缺少变化。为了防止这种呆板的表现形式,拍摄时常常会在对称中构建一点点的不对称,如图4-51所示。

图 4-51 对称式构图

6. 其他艺术形式构图

商品的摆放其实也是一种陈列艺术,同一种商品按照不同的风格摆放,会得到意想不到视觉效果,如图4-52所示。

三角形构图

黄金螺线构图

图 4-52 其他艺术形式构图

4.6 将模糊照片调清晰

使用相机进行网拍时，受外界环境的影响，常常会使照片效果有一种朦胧模糊的感觉，或者是拍摄照片时的技术原因，很多照片都会变得有些模糊，此时只要使用 Photoshop 进行锐化处理，便可以使将照片变得清晰一些。

👤 操作步骤

🔄 01 启动 Photoshop 软件，打开随书附带光盘中的"素材 / 第 4 章 /ted 熊"，如图 4-53 所示。

🔄 02 打开照片后，我们发现照片有一些模糊，如果直接将此照片上传到网店中，由于看得不是很清晰，势必会影响此产品的销量。

🔄 03 下面我们就对模糊的效果进行调整，在 Photoshop 中只要通过"USM 锐化"命令即可，方法是执行菜单"滤镜 / 模糊 /USM 锐化"命令，打开"USM 锐化"对话框，其中的参数设置如图 4-54 所示。

图 4-53 素材

图 4-54 "USM 锐化"对话框

技 巧

使用"USM 锐化"滤镜对模糊图像进行清晰处理时，可根据照片中的图像进行参数设置，近身半身像的参数可以比本例的参数设置得小一些，可以设置数量为 75%、半径为 2 像素、阈值为 6 色阶；如果图像的主体为柔和的花卉、水果、昆虫、动物，建议设置数量为 150%、半径为 1 像素、阈值根据图像中的杂色分布情况数值大一些也可以；如果图像为线条分明的石头、建筑、机械，建议设置半径为 3 或 4 像素，但是同时要将数量值稍微减弱，这样才能不会导致像素边缘出现光晕或杂色，阈值则不宜设置太高。

04 设置完毕后单击"确定"按钮,效果图 4-55 所示。

图 4-55 最终效果

技 巧

　　　　对于一般的模糊照片,我们只要执行菜单"滤镜/锐化/锐化"命令,即可将图片调整清晰。

第 5 章
网店中可用于装修元素的设计与制作

本章重点

- ✓ 店标的设计与制作
- ✓ 店招的设计与制作
- ✓ 宝贝分类的设计与制作
- ✓ 自定义促销区的设计与制作
- ✓ 店铺公告模板的设计与制作
- ✓ 店铺收藏与我们联系的设计与制作

　　对于一个成功运营的淘宝店铺，为其进行店面的装修是不可缺少的环节。为店铺进行装修时，可以通过购买模板、请专业人员进行装修或自己动手进行，前面两种都是需要付费的，一个店铺不可能装修一次永远不变，装修是需要与时俱进的，所以需要经常对其进行图片的替换，这么算下来单单是装修这一项就是不小的开支，对于缺少资金的卖家而言，自己装修应该是最好的选择。

　　本章主要介绍网店组成部分的制作，其中包含店标、店招、宝贝分类、促销区、宝贝描述、收藏与联系以及轮播图等。一个功能完善的淘宝店铺通常都由以上各个板块组成，每个区域在店面中都具有自己的作用与特点，如图5-1所示的图像为成功运营的淘宝店铺。

图 5-1　淘宝店铺

5.1　店标的设计与制作

在开张的淘宝店铺中店标通常指的是网店的核心标识，也就是店铺的 Logo，是店铺的标志，其文件格式有 GIF、JPG、JPEG、PNG，文件大小在 80K 以内，建议尺寸为 100×100 像素或拓展版 230×70 像素。

为了淘宝店铺的效益，店铺装修的细节是不可以疏忽的，淘宝店标的设计与装修就是其中一点。当顾客搜索店铺类目，或是进行收藏的时候，具有创意的店标更容易让人记住。

对于一个店铺而言，店标有着相当重要的地位。大到国际连锁品牌，小到零售网店，一般都会有自己的独特标志。标志能够代表一个品牌、一种形象，更能给顾客留下深刻的印象，并稳定扩展自己的客户群。淘宝店标正是担当这一重要目标的载体，可以代表店铺的风格、店主的品位、产品的特性，也起到宣传的作用。店标按类型可分为动态和静态两种，在淘宝店铺中按照店铺进行搜索时，会看到每个店铺的店标，如图 5-2 所示。

图 5-2　店标

5.1.1　静态旺铺店标设计

下面以玩具店铺作为装修对象讲解店标的制作方法，由于直接按照 100×100 像素的大小进行编辑，图像太小操作起来不是很方便，这里可以先将大小创建为店标的 5 倍，之后再将其缩小。

👤 操作步骤

◯01 启动 Photoshop 软件，执行菜单"文件 / 新建"命令，打开"新建"对话框，其中的参数设置如图 5-3 所示。

◯02 设置完毕后单击"确定"按钮，系统会新建一个空白文档，如图 5-4 所示。

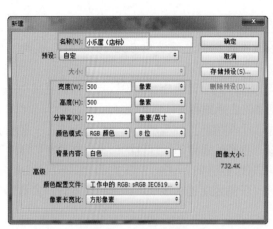

图 5-3 "新建"对话框

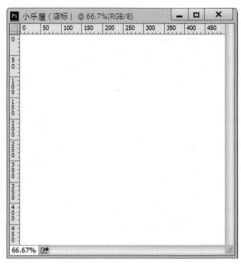

图 5-4 新建的空白文档

◎03 将背景填充为"青色",新建图层1,使用 ⬡（多边形工具）在文档中绘制一个三角形路径,如图5-5所示。

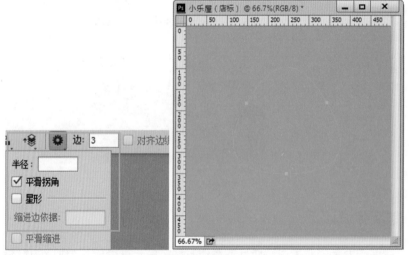

图 5-5 绘制路径

◎04 按 Ctrl+Enter 键将路径转换为选区,使用 ▣（渐变工具）填充"从前景色到背景色"的 ▣（径向渐变）,制作青蛙身体部分,如图 5-6 所示。

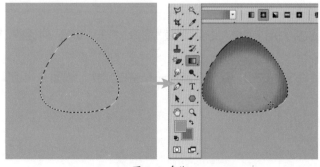

图 5-6 身体

05 按 Ctrl+D 键去掉选区，再新建图层绘制椭圆选区，填充渐变色，然后依次绘制不同颜色的椭圆，制作眼睛，如图 5-7 所示。

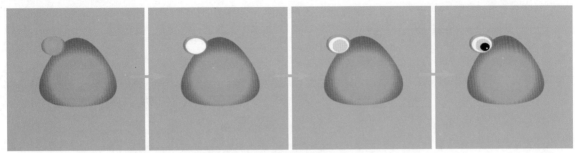

图 5-7 绘制青蛙眼睛

06 按住 Alt 键向右拖动，复制一个眼睛副本，执行菜单"编辑 / 变化 / 水平翻转"命令，再调整位置，如图 5-8 所示。

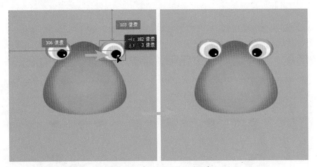

图 5-8 复制另一只眼睛

07 在身体部分绘制嘴和鼻孔，如图 5-9 所示。

图 5-9 绘制嘴和鼻孔

08 在身体下面新建一个图层，绘制一个椭圆选区，填充"黑色"，如图 5-10 所示。

图 5-10 绘制椭圆

◎09 按 Ctrl+D 键去掉选区，执行菜单"滤镜 / 模糊 / 高斯模糊"命令，打开"高斯模糊"对话框，其中的参数设置如图 5-11 所示。

◎10 设置完毕后单击"确定"按钮，调整一下不透明度，效果如图 5-12 所示。

图 5-11 设置高斯模糊

图 5-12 调整不透明度

◎11 在后面再新建两个图层，分别绘制两个正圆，填充不同的颜色，如图 5-13 所示。

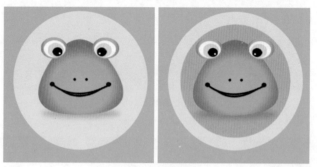

图 5-13 绘制正圆

◎12 选择 ◯（椭圆工具），按住 Shift+Alt 键在中心位置为起点绘制一个正圆形，如图 5-14 所示。

◎13 选择 T.（横排文字工具），将鼠标指针移到路径上，出现沿路径输入文字的符号后，输入文字"玩具天地，还原您心灵深处的童心。"如图 5-15 所示。

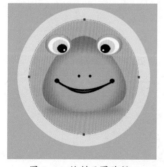

图 5-14 绘制正圆路径

图 5-15 沿路径输入文字

◎14 使用 T.（横排文字工具）输入文字"小乐屋"，设置不同的文字字体，执行菜单"文字 / 栅格化文字图层"命令，通过选区调整文字的位置，如图 5-16 所示。

◎15 新建图层，在文字上绘制嘴和眼睛，如图 5-17 所示。

图 5-16 输入文字　　　　　　　　　　　　　　　　　　　图 5-17 效果

16 执行菜单"图层 / 拼合图像"命令，将其图层合并，再执行菜单"图像 / 图像大小"命令，将大小调整为 100 像素，如图 5-18 所示。

17 设置完毕后单击"确定"按钮，至此"小乐屋（店标）"制作完毕，如图 5-19 所示。

图 5-18 图像大小　　　　　　　　　　　　　　　　图 5-19 店标

18 对于不同产品可以设计出不同的店标，如图 5-20 所示的图像为各种店标 Logo 设计。

图 5-20 店标 Logo

5.1.2 **动态旺铺店标设计**

　　如果店铺的店标是动态的，看起来会更加引人注意，下面就将之前制作的静态店标制作成动态 GIF 效果。

👤 操作步骤

◎01 将刚才制作的店标打开，在"图层"面板中单击 ◉. （创建新的填充或调整图层）按钮，在弹出的菜单中选择"色相／饱和度"命令，如图 5-21 所示。

◎02 在打开的"属性"面板中设置参数，如图 5-22 所示。

图 5-21 创建调整图层　　　　　　　　　图 5-22 调整"色相／饱和度"

◎03 执行菜单"窗口／时间轴"命令，打开"时间轴"面板，设置"帧延迟时间"为 0.1，如图 5-23 所示。

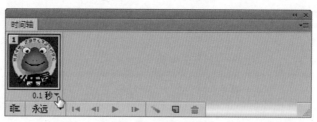

图 5-23 编辑动画

◎04 单击 ◨ （复制所选帧）按钮，在"时间轴"面板中得到一个帧，如图 5-24 所示。

◎05 在"图层"面板中隐藏"色相／饱和度"图层，如图 5-25 所示。

图 5-24 编辑动画　　　　　　　　　图 5-25 编辑

◎06 在"时间轴"面板中单击 ◥ （过渡动画帧）按钮，弹出"过渡"对话框，其中的参数设置如图 5-26 所示。

◎07 设置完毕后单击"确定"按钮，此时"时间轴"面板如图 5-27 所示。

◎08 将最后一帧的"时间延迟"设置为 0.5，"循环"为"永远"，此时动画制作完毕，如图 5-28 所示。

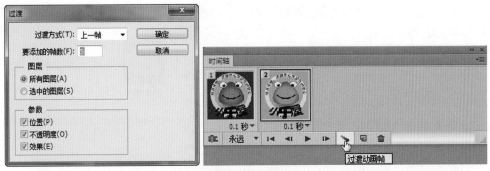

图 5-26　过渡

图 5-27　"时间轴"面板

图 5-28　"时间轴"面板

09 执行菜单"文件/存储为 Web 所用格式"命令，打开"存储为 Web 所用格式"对话框，如图 5-29 所示。

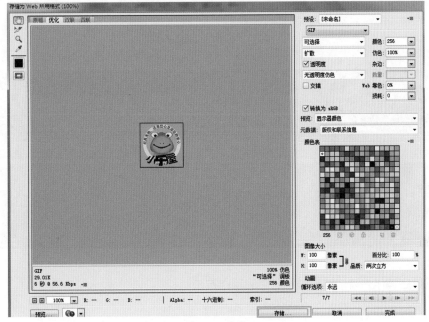

图 5-29　存储

⊘10 单击"存储"按钮，弹出"将优化结果存储为"对话框，如图 5-30 所示。

⊘11 单击"保存"按钮，完成动态店标的制作。

5.2 店招的设计与制作

　　店招顾名思义就是店铺的招牌，对于实体店，从品牌推广的角度来看，在繁华的地段一个好的店招不光是店铺坐落地的标志，更是起到户外广告的作用。好的店招要求主要有标准色（字）、宽度、长度，灯光会要求亮度、灯光的间隔距离以及打灯的时间。

　　网店不需要门面，所以店招就是网店的门面，即虚拟店铺的招牌。一般都有统一的大小要求，以淘宝

图 5-30 存储

网来说，店招为 950×150 像素，单独店招部分的高度为 120 像素加上默认导航 30 像素，也就是 150 像素。文件格式为 JPG、GIF（淘宝网自身有 Flash 的店招）。对于自己的门面当然是越吸引人越好，所以网店美工的工作也就应运而生了，一个好的店招完全可以体现出本店的特点和所售产品，在让买家记住的同时也就会自然增加本店的销量，不同的店铺设计的店招也是不同的，有简单的也有复杂的，如图 5-31 所示。

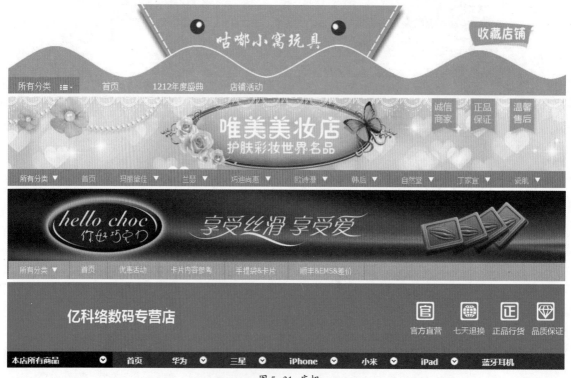

图 5-31 店招

　　下面以玩具店铺作为装修对象讲解店招的制作方法。

👤 操作步骤

⭕01 启动 Photoshop 软件，执行菜单"文件 / 新建"命令，打开"新建"对话框，其中的参数设置如图 5-32 所示。

图 5-32　"新建"对话框

⭕02 设置完毕后单击"确定"按钮，使用▣（渐变工具）从上向下拖动鼠标填充"从（R:71G:200B:250）到（R:178G:228B:255）"的线性渐变色，如图 5-33 所示。

图 5-33　填充渐变色

⭕03 使用🖌（画笔工具）载入"云朵"画笔，新建一个图层并绘制白色云彩，如图 5-34 所示。

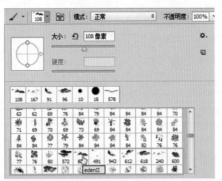

图 5-34　绘制云彩画笔

⭕04 新建图层并绘制矩形，将中间矩形填充渐变色，在矩形之间绘制选区填充深色，让图形产生立体感，如图 5-35 所示。

渐变色（R:51G:194B:254）、（R:17G:123B:186）

图 5-35 新建图层并绘制图形

05 新建图层，使用 🔲（自定义形状工具）绘制一个白色"封印"图形，如图 5-36 所示。

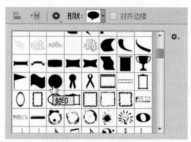

图 5-36 绘制自定义图层

06 执行菜单"图层 / 图层样式 / 外发光"命令，打开"外发光"对话框，设置参数，单击"确定"按钮，效果如图 5-37 所示。

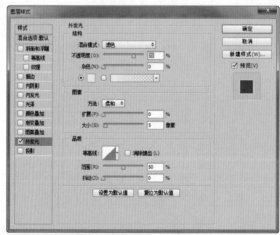

图 5-37 外发光

07 复制两个副本，再绘制直线和正圆图形，效果如图 5-38 所示。

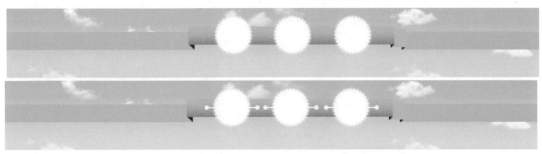

图 5-38 绘制直线和圆形

08 使用 **T.** （横排文字工具）输入与店铺相对应的文字，效果如图 5-39 所示。

图 5-39 输入文字

09 打开随书附带光盘中的"素材 / 第 5 章 / 小熊"，使用 （魔术橡皮擦工具）在白色背景上单击去掉背景，如图 5-40 所示。

10 将素材移到"小乐屋（店招）"文档中，按 Ctrl+T 键调出变换框，调整大小并设置中间小熊的"混合模式"为"线性加深"，如图 5-41 所示。

图 5-40 去掉素材背景

图 5-41 变换并设置混合模式

11 新建图层，使用 （自定义形状工具）绘制一个白色"会话"图形，执行菜单"编辑 / 变换 / 水平翻转"命令，效果如图 5-42 所示。

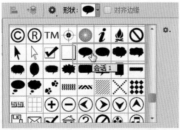

图 5-42 绘制自定义形状

12 使用 T.（横排文字工具）在会话上输入 Ted，至此本例"小乐屋（店招）"制作完毕，效果如图5-43所示。

图 5-43 最终效果

5.3 宝贝分类的设计与制作

在网店中如果上传的宝贝过多，那么查看起来就会变得非常麻烦，此时如果将相同类型的宝贝进行归类，将宝贝放置到与之对应的分类中，再进行查找就会变得十分轻松。网店中的宝贝分类就是为了让买家以最便捷的方式找到自己想买的物品，在店铺中对于宝贝分类可以按照网店的整体色调进行设计，好的宝贝分类可以让买家一目了然，如图5-44所示。

图 5-44 宝贝分类

5.3.1 宝贝分类设计

下面以玩具店铺作为装修对象讲解宝贝分类的制作方法。

操作步骤

◎01 启动 Photoshop，新建一个"宽度"为 150 像素、"高度"为 70 像素的空白文档，如图 5-45 所示。

◎02 新建一个图层，使用 ▥（矩形选框工具）绘制一个矩形，再使用 ▨（渐变工具）从上向下拖动鼠标填充"从（R:71G:200B:250）到（R:178G:228B:255）"的线性渐变色，如图 5-46 所示。

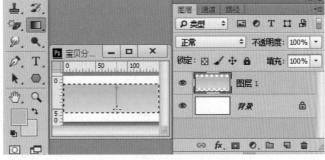

图 5-45 新建文档　　　　　　图 5-46 绘制矩形并填充渐变色

◎03 按 Ctrl+D 键去掉选区，执行菜单"图层 / 图层样式 / 投影"命令，打开"投影"对话框，其中的参数设置如图 5-47 所示。

◎04 设置完毕后单击"确定"按钮，效果如图 5-48 所示。

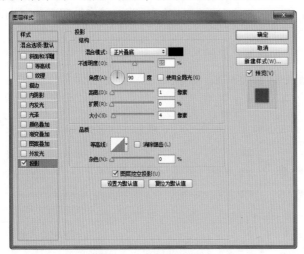

图 5-47 设置图层样式　　　　图 5-48 添加投影

◎05 新建一个图层，使用 ▦（自定义形状工具）绘制一个"箭头"图形，执行菜单"编辑 / 变换 / 旋转 90 度顺时针"命令，调整箭头方向，如图 5-49 所示。

◎06 执行菜单"图层 / 图层样式 / 投影"命令，打开"投影"对话框，调整参数值后，单击"确定"按钮，效果如图 5-50 所示。

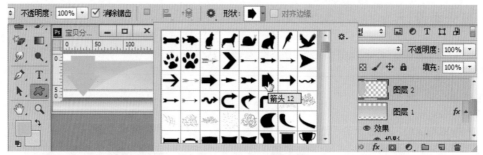

图 5-49 绘制自定义图形

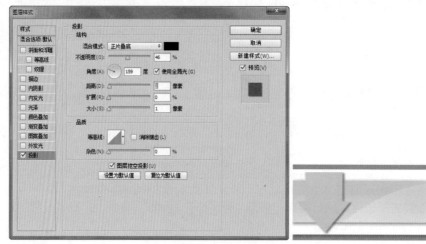

图 5-50 添加投影

◎07 执行菜单"图层 / 图层样式 / 创建图层"命令，在弹出的"警告"对话框中单击"确定"按钮，就可以将投影与原图分开，如图 5-51 所示。

◎08 使用 （橡皮擦工具）擦除投影右上角区域，如图 5-52 所示。

图 5-51 创建图层

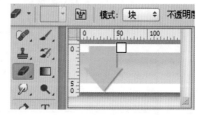

图 5-52 擦除部分投影

◎09 在箭头所在图层的下面新建一个图层，使用 （多边形套索工具）绘制一个三角形的选区，将其填充为深蓝色，作为箭头的拐角，按 Ctrl+D 键去掉选区，效果如图 5-53 所示。

图 5-53 绘制拐角

10 使用 ✐（钢笔工具）绘制一个路径，新建一个图层，按 Ctrl+Enter 键将路径转换为选区，将选区填充为"白色"，如图 5-54 所示。

图 5-54　绘制的路径转换为选区后填充颜色

11 按 Ctrl+D 键去掉选区，单击"图层"面板中的 ◙（创建图层蒙版）按钮，使用 ▨（渐变工具）填充"从黑色到白色"的线性渐变编辑蒙版，再调整图层的不透明度，效果如图 5-55 所示。

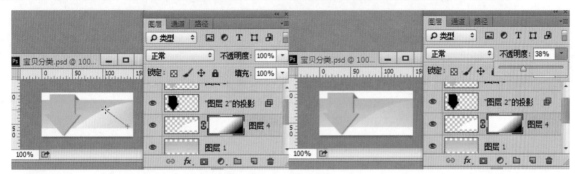

图 5-55　编辑蒙版

12 打开之前制作的店标，将里面的青蛙头像拖动到宝贝分类中，调整大小和颜色后输入文字，此时的宝贝分类制作完毕，效果如图 5-56 所示。

图 5-56　宝贝分类

13 使用同样的方法制作出其他分类按钮，效果如图 5-57 所示。

图 5-57　宝贝分类

提示

在对店铺进行装修时，有时会改变宝贝分类的背景颜色，此时只要将背景隐藏，再将其储存为 PNG 格式就可以了，效果如图 5-58 所示。

图 5-58 隐藏宝贝分类的背景

5.3.2 子宝贝分类设计

下面以玩具店铺作为装修对象讲解子宝贝分类的制作方法。

操作步骤

01 启动 Photoshop，新建一个"宽度"为 150 像素、"高度"为 40 像素的空白文档，如图 5-59 所示。

02 新建一个图层，使用 ▣（渐变工具）从上向下拖动鼠标填充"从（R:71G:200B:250）到（R:178G:228B:255）"的线性渐变色，如图 5-60 所示。

图 5-59 新建文档

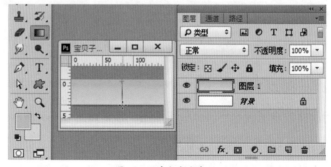

图 5-60 填充渐变色

03 新建一个图层，使用 ▨（自定义形状工具）绘制一个"箭头"图形，执行菜单"编辑/变换/旋转 90 度顺时针"命令，调整箭头方向，如图 5-61 所示。

04 按住 Ctrl 键单击"箭头"所在图层的缩略图，调出选区后，选择"渐变"所在图层，按 Delete 键删除选区内容，隐藏"箭头"所在图层，效果如图 5-62 所示。

05 按 Ctrl+D 键去掉选区，执行菜单"图层/图层样式/描边"命令，打开"描边"对话框，其中的参数设置如图 5-63 所示的效果。

图 5-61 绘制自定义图形

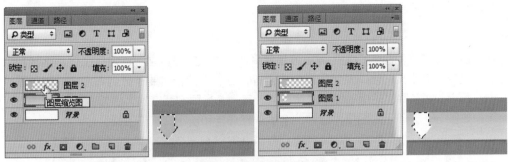

图 5-62 删除选区内容

◎06 设置完毕后单击"确定"按钮，效果如图 5-64 所示。

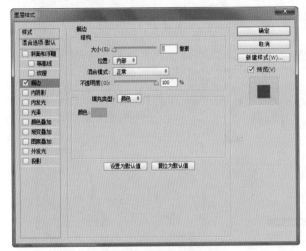

图 5-63 "描边"对话框

图 5-64 添加描边

◎07 使用 ✐（钢笔工具）绘制一个路径，新建一个图层，按 Ctrl+Enter 键将路径转换为选区，将选区填充为"白色"，设置"不透明度"为 22%，效果如图 5-65 所示。

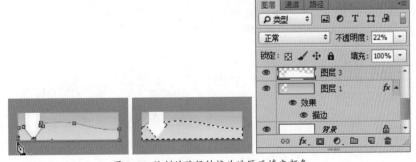

图 5-65 绘制的路径转换为选区后填充颜色

◎08 使用 T.（横排文字工具）输入文字，效果如图 5-66 所示。

图 5-66 子宝贝分类

143

5.4 自定义促销区的设计与制作

在淘宝网店装修中，商品的广告区域应该是最受买家关注的区域之一。自定义促销区域在淘宝旺铺中可分为通栏广告、自定义广告以及宝贝详情广告等，在制作广告时要考虑到淘宝店铺对于图片装修尺寸以及大小的要求，通常除了轮播图限制高度以外，其他都是限制宽度的，例如 950 像素、750 像素、190 像素等，如图 5-67 所示的图像为店铺的全屏通栏广告和自定义广告效果。

图 5-67 自定义广告

5.4.1 全屏通栏广告设计

下面以玩具店铺作为装修对象讲解通栏广告的制作方法。在制作时要考虑到不同显示器的分辨率，现在的显示器已经很少有宽度为 800 像素的了，所以按最低宽度 1024 像素的进行考虑，如果只考虑最小，那么在大显示器中将会看不到通栏效果，因此还要考虑 1920 像素宽度，为了不在页面中出现两边的空白，并且在大多数显示器中都能显示通栏效果，这里我们将全屏通栏的宽度设置为 1920 像素，高度可以按照广告的效果自行设定，如果想制作成标准的通栏广告，我们就要将宽度限制在 950 像素以内。

操作步骤

01 启动 Photoshop，新建一个"宽度"为 1920 像素、"高度"为 550 像素的空白文档。将前景色设置为"青色"、背景色设置为"淡青色"，使用 ▣（渐变工具）从上向下拖动鼠标填充"从前景色到背景色"的线性渐变，此时背景如图 5-68 所示。

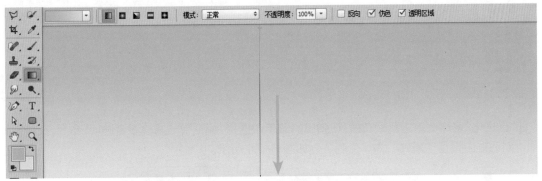

图 5-68 渐变背景

02 执行菜单"滤镜 / 转换为智能滤镜"命令，将背景图层转换为智能对象，如图 5-69 所示。

03 执行菜单"滤镜 / 风格化 / 拼贴"命令，打开"拼贴"对话框，其中的参数设置如图 5-70 所示。

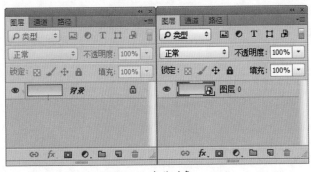
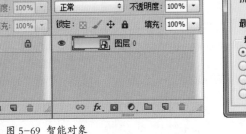
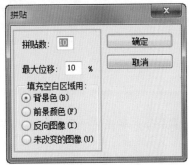

图 5-69 智能对象   图 5-70 "拼贴"对话框

04 设置完毕后单击"确定"按钮，执行菜单"滤镜 / 像素化 / 马赛克"命令，打开"马赛克"对话框，其中的参数设置如图 5-71 所示。

05 设置完毕后单击"确定"按钮，执行菜单"滤镜 / 锐化 / 进一步"命令，再按 Ctrl+F 键 2 次，执行菜单"滤镜 / 像素化 / 晶格化"命令，打开"晶格化"对话框，其中的参数设置如图 5-72 所示。

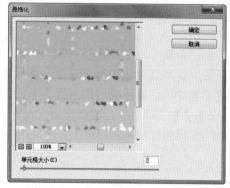

图 5-71 "马赛克"对话框　　　　　图 5-72 "晶格化"对话框

◎**06** 设置完毕后单击"确定"按钮，效果如图 5-73 所示。

图 5-73 应用滤镜后

◎**07** 在"晶格化"名称上单击鼠标右键，在弹出的菜单中选择"编辑智能滤镜混合选项"命令，在弹出的"混合选项"对话框中设置"模式"为"变亮"，如图 5-74 所示。

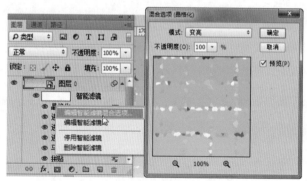

图 5-74 混合模式

◎**08** 设置完毕后单击"确定"按钮，效果如图 5-75 所示，此时背景制作完毕。

图 5-75 背景

09 打开随书附带光盘中的"素材 / 第 5 章 / 影",将素材移到"全屏广告中",效果如图 5-76 所示。

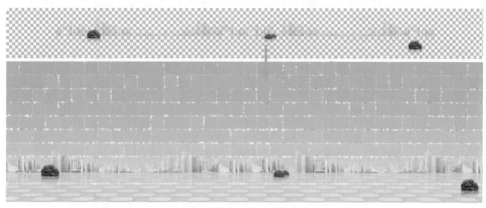

图 5-76　移入素材

10 新建一个图层,将前景色设置为"白色",使用 ╱ (画笔工具)绘制白色云彩,效果如图 5-77 所示。

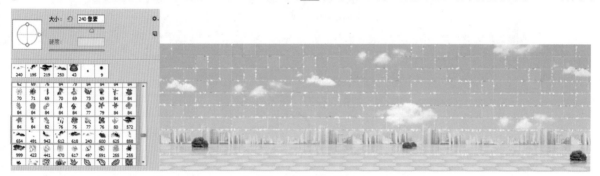

图 5-77　绘制云彩

提 示

"画笔"拾色器中的画笔笔触是本书光盘附带的"云彩画笔",直接载入就可以使用里面的画笔了。

11 在宽度中间的 950 像素处绘制一个白色的圆角矩形,效果如图 5-78 所示。

图 5-78　绘制圆角矩形

12 执行菜单"图层 / 图层样式 / 投影"命令,打开"投影"对话框,其中的参数设置如图 5-79 所示。

13 设置完毕后单击"确定"按钮,再在上面输入绿色的文本 ted,效果如图 5-80 所示。

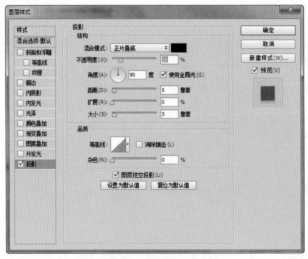

图 5-79 "投影"对话框

图 5-80 添加投影与文字

14 打开随书附带光盘中的"素材 / 第 5 章 / 小熊",将素材移到"全屏广告"中并添加图层蒙版，使用 ✏ (画笔工具) 在背景上涂抹黑色隐藏背景色。新建图层，在脚底下绘制灰色椭圆，应用"高斯模糊"滤镜，再复制小熊，执行菜单"编辑 / 变换 / 垂直翻转"命令，移动位置添加图层蒙版，通过 ▣ (渐变工具) 编辑蒙版，调整不透明度，效果如图 5-81 所示。

图 5-81 移入并编辑素材

15 打开"小熊 2 和小熊 3"素材，使用同样的方法在"全屏广告"中制作投影和倒影，效果如图 5-82 所示。

16 使用 ✿ (自定义形状工具) 绘制"会话"图形，在上面输入相应的文字，效果如图 5-83 所示。

图 5-82　移入素材

图 5-83　绘制图形

17 输入宣传口号，执行菜单"图层 / 图层样式 / 描边和内发光"命令，分别打开"描边"和"内发光"对话框，其中的参数设置如图 5-84 所示。

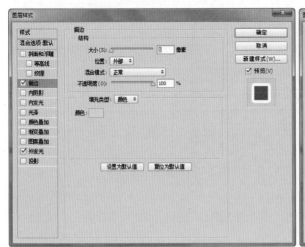

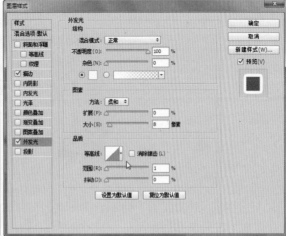

图 5-84　图层样式

18 设置完毕后单击"确定"按钮，将文档进行储存。至此本例"全屏通栏广告"制作完毕，效果如图 5-85 所示。

图 5-85 最终效果

19 可以根据网店的特点再制作一个效果图以备后用，如图 5-86 所示。

图 5-86 其他效果

5.4.2 淘宝标准通栏广告设计

下面以玩具店铺作为装修对象讲解淘宝标准通栏广告的制作方法。如果想制作成标准的通栏广告，我们就要将宽度限制在 950 像素以内，高度无限制。

操作步骤

01 打开之前制作的"全屏广告"文档，执行菜单"图层/拼合图像"命令，将所有图层合并为一个图层，如图 5-87 所示。

图 5-87 合并图层

02 使用 ▣（矩形工具）绘制一个形状，在"属性"面板中设置"宽度"为 950 像素、"高度"为 550 像素，如图 5-88 所示。

03 将形状与背景一同选取，选择 ⊕（移动工具）后，在"选项栏"中单击"垂直居中对齐"和"水平居中对齐"按钮，如图 5-89 所示。

04 隐藏"形状 1"，按住 Ctrl 键单击"形状 1"图层的缩略图调出选区，如图 5-90 所示。

图 5-88 绘制形状并设置形状大小

图 5-89 对齐

图 5-90 调出选区

05 执行菜单"图像/裁剪"命令,将图像进行剪裁,如图 5-91 所示。

图 5-91 裁剪

06 至此本例制作完毕,将其进行储存以备后用。

5.4.3 750 广告设计

下面以玩具店铺作为装修对象讲解 950 像素水平分成两块时 750 像素广告的制作方法。如果想制作该区域广告，我们就得将宽度限制在 750 像素以内，高度无限制。

操作步骤

01 启动 Photoshop，新建一个"宽度"为 750 像素、"高度"为 550 像素的空白文档。将前景色设置为"白色"、背景色设置为"草绿色"，使用 ▣（渐变工具）在文档中间向外拖动鼠标填充"从前景色到背景色"的径向渐变，此时背景如图 5-92 所示。

02 打开之前制作的"宝贝分类"，使用 ▣（矩形选框工具）绘制一个矩形，如图 5-93 所示。

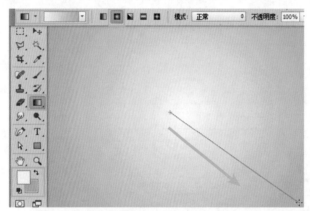

图 5-92 渐变背景

图 5-93 绘制矩形

03 执行菜单"编辑 / 定义图案"命令，打开"图案名称"对话框，如图 5-94 所示。

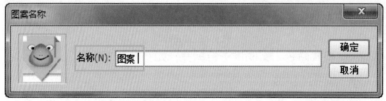

图 5-94 定义图案

04 设置完毕后单击"确定"按钮，回到"750 广告"文档中，执行菜单"编辑 / 填充"命令，在打开的"填充"对话框中找到刚才定义的图案，再勾选"脚本图案"复选框，在"脚本"中选择"螺线"，如图 5-95 所示。

05 设置完毕后单击"确定"按钮，此时会打开"螺线"对话框，其中的参数设置如图 5-96 所示。

图 5-95 "填充"对话框

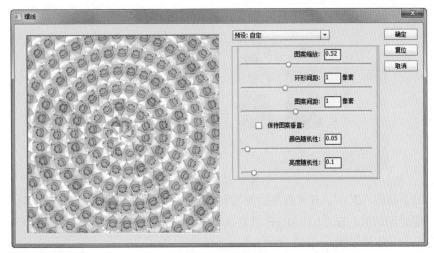

图 5-96 螺线

◎06 设置完毕后单击"确定"按钮,在"图层"面板中设置"混合模式"为"柔光"、"不透明度"为 20%,效果如图 5-97 所示。

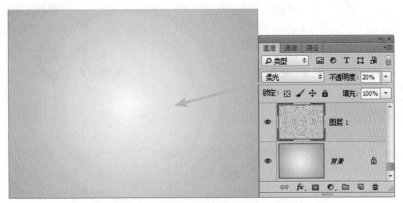

图 5-97 填充后

◎07 打开随书附带光盘中的"素材 / 第 5 章 / 小黄人",将素材移到"750 广告"中,设置"混合模式"为"正片叠底",效果如图 5-98 所示。

图 5-98 移入素材

◎08 复制图层 2,执行菜单"编辑 / 变换 / 垂直翻转"命令,为图层添加一个图层蒙版,再使用▣(渐变工具)填充"从黑色到白色"的线性渐变,然后调整"不透明度"为 22%,如图 5-99 所示。

图 5-99 编辑蒙版

09 在小黄人的下面输入文字，并在数字后面绘制一个白色圆角矩形，效果如图 5-100 所示。

10 将文字图层全部选取，按 Ctrl+Alt+E 键将选取的图层复制并合为一个图层，执行菜单"编辑 / 变换 / 垂直翻转"命令，效果如图 5-101 所示。

图 5-100 输入文字

图 5-101 复制

11 为图层添加一个图层蒙版，再使用 (渐变工具）填充"从黑色到白色"的线性渐变，然后调整"不透明度"，至此本例制作完毕，效果如图 5-102 所示。

图 5-102 最终效果

5.4.4 190 广告设计

下面以玩具店铺作为装修对象讲解 950 像素水平分成两块时 190 像素广告的制作方法。如果想制作该区域广告，我们就要将宽度限制在 190 像素以内，高度无限制。

操作步骤

01 启动 Photoshop，新建一个"宽度"为 190 像素、"高度"为 550 像素的空白文档。将前景色设置为"青色"、背景色设置为"淡青色"，使用 ▣（渐变工具）从上向下拖动鼠标填充"从前景色到背景色"的线性渐变，此时背景如图 5-103 所示。

02 新建一个图层，使用 ✎（画笔工具）绘制云彩、气泡和纹理，效果如图 5-104 所示。

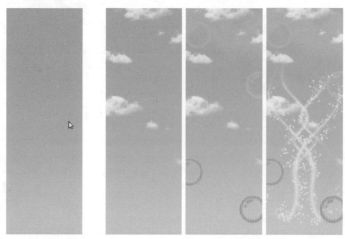

图 5-103 渐变背景　　　　　　　　　图 5-104 绘制画笔

03 打开随书附带光盘中的"素材/第5章/气球和路面"，将素材移到"190 广告"中，效果如图 5-105 所示。

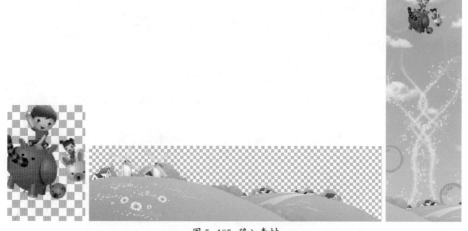

图 5-105 移入素材

04 新建一个图层，绘制一个圆角矩形，效果如图 5-106 所示。

05 再次打开"小黄人单人"素材，将其移入"190 广告"中，调整大小后，调出圆角矩形的选区，反选后删除小黄人边缘，效果如图 5-107 所示。

06 去掉选区，对图像进行旋转变换，为其添加外发光。使用相同的方法移入并编辑其他素材，效果如图 5-108 所示。

图 5-106 绘制圆角矩形　　　　　　图 5-107 移入并编辑素材

图 5-108 移入并编辑素材

07 使用 ✎（画笔工具）绘制连接线，再使用 ✿（自定义形状工具）绘制白色会话图形，如图 5-109 所示。

08 输入与广告相对应的文字并为其添加"描边"和"外发光"，至此本例制作完毕，效果如图 5-110 所示。

图 5-109 绘制连接线和会话图形　　图 5-110 最终效果

5.4.5　商品详情页设计

　　在淘宝网店中要想成功推销自己的商品,需要在商品描述中下一些功夫,以此来吸引买家达成交易。宝贝描述中的详情页就是起到这个作用。

　　下面以玩具店铺作为装修对象讲解商品详情页的制作方法,其宽度为 750 像素,高度无限制。

操作步骤

◯**01** 启动 Photoshop,新建一个"宽度"为 750 像素、"高度"为 2250 像素的空白文档。将前景色设置为"青色"、背景色设置为"淡青色",使用 ■ (渐变工具) 从上向下拖动鼠标填充"从前景色到背景色"的线性渐变,此时背景如图 5-111 所示。

◯**02** 新建一个图层,使用 ✐ (画笔工具) 绘制白色云彩,如图 5-112 所示。

图 5-111　渐变背景　　　　　图 5-112　绘制画笔

◯**03** 下面自己绘制一个月亮形状的云彩,选择 ✐ (画笔工具) 后,按 F5 键打开"画笔"面板,在面板中设置相应的参数值,如图 5-113 所示。

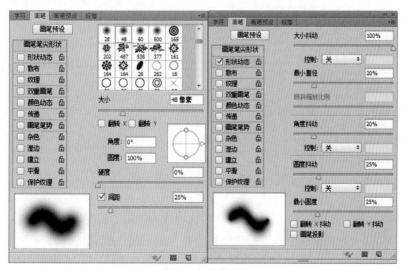

图 5-113　设置云彩

图 5-113 设置云彩（续）

04 新建一个图层，将前景色设置为"白色"，使用（自定义形状工具）在素材中绘制月亮路径，将路径水平翻转，如图 5-114 所示。

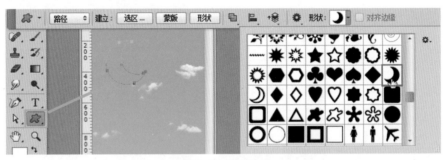

图 5-114 绘制路径

05 打开"路径"面板，单击 （用画笔描边路径）按钮，此时会在心形路径上描上一层白色的云彩，如图 5-115 所示。

06 再使用（画笔工具）在中心位置绘制白色云彩，效果如图 5-116 所示。

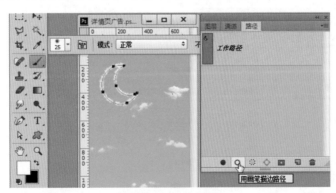

图 5-115 描边路径

图 5-116 绘制云彩

07 复制月亮云彩，再在透明的矩形上绘制云彩的连接线，并输入名称，如图 5-117 所示。

08 使用（渐变工具）在顶部从上向下拖动鼠标填充"从白色到透明"的线性渐变，如图 5-118 所示。

图 5-117 复制并绘制连接线

图 5-118 填充渐变色

◎09 移入"情侣熊"素材,输入文字并为不同区域的文字添加"描边和外发光"图层样式,效果如图 5-119 所示。

◎10 新建一个图层,绘制一个咖啡色的正圆,为其添加白色"描边"图层样式,效果如图 5-120 所示。

◎11 新建一个图层,选择 ✎(画笔工具),按 F5 键打开"画笔"面板,调整间距,如图 5-121 所示。

◎12 使用 ✎(画笔工具)绘制白色线段,如图 5-122 所示。

◎13 输入文字,复制正圆和线段,移到相应的位置后输入文字,效果如图 5-123 所示。

图 5-119 移入素材并输入文字

图 5-120 绘制正圆添加描边

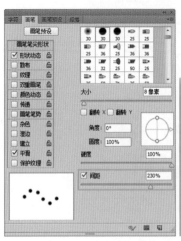

图 5-121 设置画笔

图 5-122 绘制画笔

图 5-123 复制

🔘14 移入"组 1"素材，将其拖曳到"详情页广告"中，为图像添加一点阴影，效果如图 5-124 所示。

图 5-124 移入素材

🔘15 使用同样的方法制作"ted 熊和小熊抱枕"区域，效果如图 5-125 所示。

🔘16 在所用对象的下面新建一个图层，使用 （画笔工具）绘制白色连接线段，至此本例制作完毕，效果如图 5-126 所示。

图 5-125 效果   图 5-126 效果

5.5 店铺公告模板的设计与制作

在淘宝网上做生意竞争是非常激烈的，如何能让买家主动掏钱买商品是每个卖家的共同心愿，为了增加店铺的销量店主会想出很多促销方案，用以激发买家的购买欲望。

如何才能让买家浏览网店时知道本店的促销活动呢？最好的方式就是宣传。宣传的花样很多，一种是直接在右侧自定义区域输入文字，优点是内容醒目、直接，缺点是将整个店铺的装修毁于一旦。另一种是直接将促销文字与图像相结合以图像的方式出现在自定义区域中，优点是可以兼顾网店的装修设计，缺点是更换图像不是很便利。还有一种就是以公告文字的形式动态地出现在自定义区域中，优点是直观、醒目、内容替换方便，但是最直观的莫过于店铺公告了。在公告里可以让买家直接了解本店的促销活动。

5.5.1 750 店铺公告模板设计

下面以玩具店铺作为装修对象讲解 750 店铺公告模板的制作方法。

操作步骤

01 启动 Photoshop，新建一个"宽度"为 750 像素、"高度"为 45 像素的空白文档。

02 将前景色设置为"青色"、背景色设置为"淡青色"，使用 ▣（渐变工具）从上向下拖动鼠标填充"从前景色到背景色"的线性渐变，此时背景如图 5-127 所示。

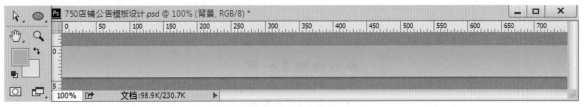

图 5-127 渐变背景

03 选择 ▣（圆角矩形工具），在"属性栏"中设置"填充"为"白色"、"描边"为"无"、"半径"为 5 像素，在文档中绘制圆角矩形，如图 5-128 所示。

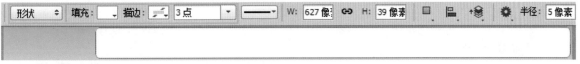

图 5-128 绘制圆角矩形

04 执行菜单"图层 / 图层样式 / 内阴影"命令，打开"内阴影"对话框，其中的参数设置如图 5-129 所示。

05 设置完毕后单击"确定"按钮，效果如图 5-130 所示。

06 在公告的左侧选择与之对应的文字字体后，输入黑色文字"店铺公告"，效果如图 5-131 所示。

07 选择 ▨（自定义形状工具）在"形状拾色器"中选择"音量"，如图 5-132 所示。

08 使用 ▨（自定义形状工具）绘制选择的形状，至此本例制作完毕，效果如图 5-133 所示。

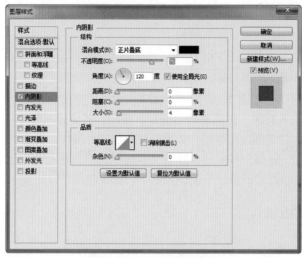

图 5-129 "内阴影"对话框

图 5-130 添加内阴影

店铺公告

图 5-131 输入文字

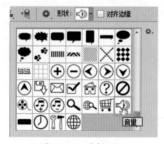

图 5-132 选择形状

店铺公告

图 5-133 最终效果

5.5.2 750 店铺公告动态模板设计

下面以玩具店铺作为装修对象讲解右侧店铺公告动态模板的制作方法。

 操作步骤

🔵01 打开之前制作的"右侧店铺公告模板设计"文档，执行菜单"窗口 / 时间轴"命令，打开"时间轴"面板，如图 5-134 所示。

02 在"图层"面板中选择形状 1，如图 5-135 所示。

图 5-134　时间轴　　　　　　　　　　　　图 5-135　图层

03 在"时间轴"面板中单击 ⬚（复制当前帧）按钮，得到第二帧，如图 5-136 所示。

04 选择第二帧，在"图层"面板中将形状 1 隐藏，如图 5-137 所示。

图 5-136　时间轴　　　　　　　　　　　　图 5-137　隐藏

05 在"时间轴"面板中将"选择延迟帧时间"设置为 0.2，"选择循环选项"为"永远"，如图 5-138 所示。

图 5-138　设置时间

06 此时动画制作完毕，执行菜单"文件 / 存储为 Web 所用格式"命令，打开"存储为 Web 所用格式"对话框，设置参数如图 5-139 所示。

07 设置完毕后单击"存储"按钮，弹出"将优化结果存储为"对话框，选择存储路径，设置名称，如图 5-140 所示。

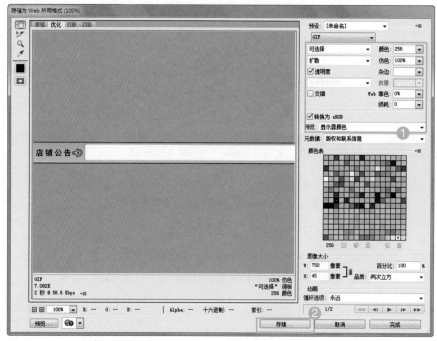

图 5-139　"存储为 Web 所用格式"对话框

图 5-140　"将优化结果存储为"对话框

08 设置完毕后单击"保存"按钮,此时"右侧店铺公告动态模板设计"完毕,预览效果如图5-141所示。

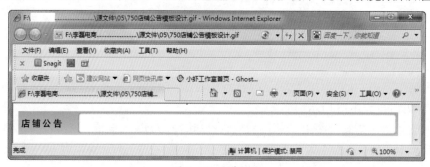

图 5-141　预览效果

提 示

除了"宽度"为 750 像素的公告以外,还可以制作"宽度"为 950 像素和 190 像素的,如图 5-142 所示的效果即为"宽度"为 190 像素的店铺公告。

图 5-142 效果

5.6 店铺收藏与联系我们的设计与制作

在淘宝网店中之所以会添加醒目的店铺收藏与联系我们,主要是有两个原因:一是淘宝系统的收藏按钮过小,不利于引起买家的注意;二是店铺的收藏人气会影响店铺的排名。

既然店铺收藏设置的意义在于引起买家的注意,吸引更多的人自愿收藏店铺,那么在设计与制作时首先要求醒目,其次才是其他的考虑事项。

5.6.1 店铺收藏图片设计与制作

下面以玩具店铺作为装修对象讲解店铺收藏的制作方法。

操作步骤

◎01 启动 Photoshop,新建一个"宽度"为 190 像素、"高度"为 110 像素的空白文档。

◎02 打开随书附带光盘中的"素材 / 第 5 章 / 雾气",将其移动到店铺收藏文档中,调整大小与位置,如图 5-143 所示。

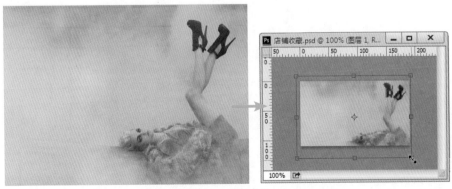

图 5-143 移入素材

◎03 按回车键确定后,使用 T（横排文字工具）在文档如图 5-144 所示的位置输入不同颜色的文字。

◎04 执行菜单"图层 / 图层样式 / 描边、外发光"命令,分别打开"描边"和"外发光"对话框,参数设置如图 5-145 所示。

图 5-144 输入文字

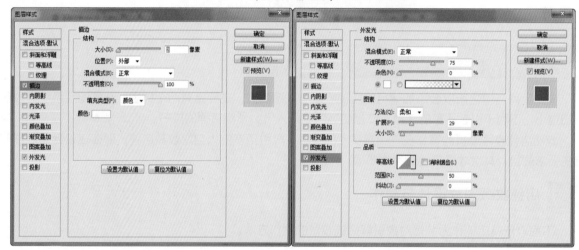

图 5-145 设置图层样式

◎05 设置完毕后单击"确定"按钮，至此本例制作完毕，效果如图 5-146 所示。

图 5-146 最终效果

5.6.2 联系我们图片设计与制作

下面以玩具店铺作为装修对象讲解旺铺联系我们图片设计与制作的方法。

👤 操作步骤

◎01 启动 Photoshop，新建一个"宽度"为 190 像素、"高度"为 110 像素的空白文档。将前景色设置为"青色"、背景色设置为"淡青色"，使用 ▦ （渐变工具）从上向下拖动鼠标填充"从前景色到背景色"的线性渐变，此时背景如图 5-147 所示。

02 打开随书附带光盘中的"素材 / 第 5 章 / 箭头",并将其移动到新建文档中,如图 5-148 所示。

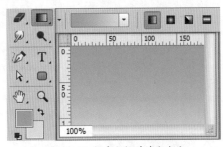

图 5-147 新建文档并填充渐变

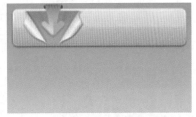

图 5-148 移入素材

03 使用 T (横排文字工具),选择比较正式一点的文字字体,在文档中相应位置输入文字,如图 5-149 所示。

04 执行菜单"图层 / 图层样式 / 渐变叠加、投影"命令,分别打开"渐变叠加"和"投影"对话框,参数设置如图 5-150 所示。

图 5-149 输入文字

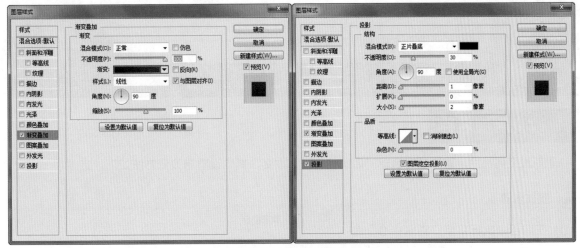

图 5-150 设置图层样式

05 设置完毕后单击"确定"按钮,至此本例制作完毕,效果如图 5-151 所示。

图 5-151 最终效果

第 6 章
网店店铺装修实战与宝贝发布

本章重点

- ✔ 改变店铺名称
- ✔ 应用与更换店标
- ✔ 统一店铺的样式
- ✔ 应用与更换店招
- ✔ 制作全屏通栏店招背景
- ✔ 焦点图的应用
- ✔ 自定义广告应用
- ✔ 宝贝分类的应用
- ✔ 店铺公告模板的使用
- ✔ 店铺收藏的应用
- ✔ 联系我们的应用
- ✔ 详情页广告的应用

前期设计与制作的首页装修元素，只有将其真正添加到淘宝店铺界面中，才能在淘宝中看到最终的装修效果，装修完毕后网店能够正常运营。通过淘宝后台结合 Dreamweaver，才能将前期 Photoshop 制作的装修元素更加恰当地放置到合适的位置。本章主要介绍将之前设计制作的装修元素替换或应用到网店中，完成最终的装修效果，使网店能够正常运营。另外，还介绍一些为店铺进行推广的常用方法。

6.1 改变店铺名称

重新改变商品后，首先要将自己的店铺名称进行改变，具体设置与改变方法如下。

 操作步骤

◎01 在淘宝中执行菜单"卖家中心"命令，进入后台，再执行菜单"我是卖家 / 店铺管理 / 店铺基本设置"命令，进入"店铺基本设置"页面。

◎02 在"店铺名称"后面直接输入要更改的名称，如图 6-1 所示。

◎03 设置完毕后，单击页面下面的"保存"按钮，如图 6-2 所示。

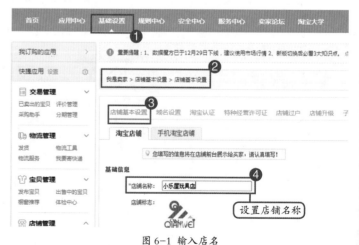

图 6-1 输入店名

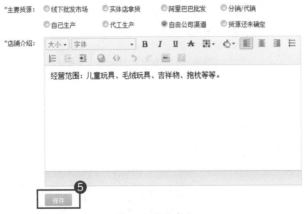

图 6-2 更改店名

04 此时在进入该店铺后就能看到已经改的店名，如图 6-3 所示。

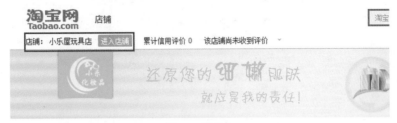

图 6-3 新店名

提示

"旺铺专业版"中随着不断地完善已经省掉了很多不必要的操作，例如之前更改店名还得单击"店铺名称"后面的"店名只能通过淘字号修改"，如图 6-4 所示。

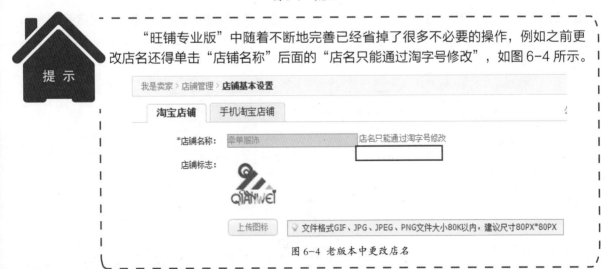

图 6-4 老版本中更改店名

6.2 应用或更换店标

　　店铺开张后的第一件事就是为自己的网店挂上店铺标志，在淘宝店铺中更换店标时，进入"店铺基本设置"中可以看到"上传图标"、"店铺名称"、"店铺标志"、"店铺简介"等信息，如图 6-5 所示。当店铺已经运营成功后，我们对之前的店标感到不满意想再换一个，只要将设计好的静态或动态店标准备好，进行替换即可。

图 6-5 添加参数

操作步骤

01 在淘宝中执行菜单"卖家中心"命令，进入后台，选择"店铺基本设置"中的"淘宝店铺"标签，在"基础信息"区域单击店标下面的"上传图标"按钮，如图 6-6 所示。图标支持的文件格式为 GIF、JPG、JPEG、PNG。

图 6-6 单击"上传图标"按钮

02 单击"上传图标"按钮后，系统会弹出"打开"对话框，选择第 5 章中设计制作的"店标 .jpg"文件，如图 6-7 所示。

03 选择完毕后单击"打开"按钮，即可将之前的店标进行替换，如图 6-8 所示。

04 单击"保存"按钮后，此时在淘宝中搜索店铺便可以看到新设置的店标效果，如图 6-9 所示。

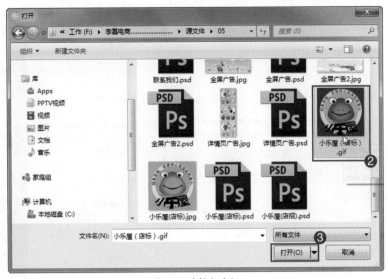

图 6-7 选择新店标

图 6-8 替换的店标

图 6-9 店标

6.3 统一店铺的样式

　　在对网店装修之前首先要考虑的是将店铺整体颜色风格样式进行统一，这样能够给买家一种色调的冲击，还能为我们进一步装修提供风格参考。本店以毛绒玩具为主，所以将冷色作为整体的格调，之前的设计元素都是使用的青色，能够与青色搭配的冷色有蓝色和紫色，紫色太过华贵了，不适合毛绒玩具，所以本店最终选择蓝色作为整体风格，颜色风格的设置操作如下。

操作步骤

01 进入淘宝后台，执行菜单"店铺管理 / 店铺装修"命令，进入"店铺装修"页面，单击"配色"，在弹出的"配色"菜单中选择"天蓝色"，如图 6-10 所示。

刚创建的店铺为"旺铺基础版"，只要直接在店铺右上角处单击"升级到专业版"，即可将自己的新铺变为"旺铺专业版"。

02 单击"发布"按钮后，此时发现之前的配色方案已经被重新调整，效果如图 6-11 所示。

图 6-10 装修页面

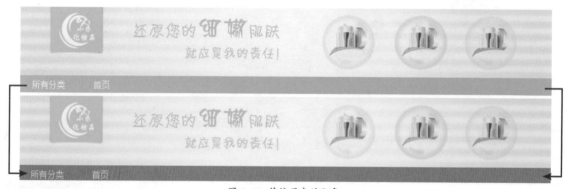

图 6-11 替换原来的配色

6.4 应用与更换店招

不同的店铺应该有一块与之对应的店铺招牌。好的店招不但可以增加网店的吸引力，而且还能够加大整体的销量，本节为大家讲解如何在装修店铺中添加已经设计制作好的店招。

下面以毛绒玩具店铺作为装修对象讲解在淘宝店铺中应用与更换设计制作好的店招方法。

 操作步骤

01 启动 Photoshop 软件，将前面设计的"店招"存储为 JPG 格式备用，存储时尽量压缩文件。进入淘宝后台，执行菜单"店铺管理 / 店铺装修"命令，进入"店铺装修"页面，选择"页面编辑"按钮选项，在店招区域的右上角处单击"编辑"按钮，如图 6-12 所示。

02 单击"编辑"按钮后，进入"店铺招牌"对话框，在"招牌类型"后面选择"默认招牌"，单击"背景图"后面的"选择文件"按钮，如图 6-13 所示。

图 6-12 装修页面

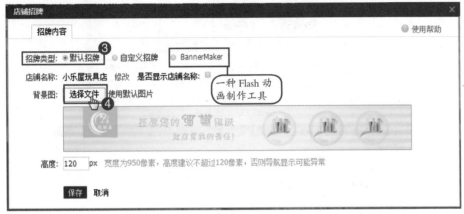

图 6-13 "店铺招牌"对话框

03 选择"上传新图片"标签，单击"添加图片"按钮，如图 6-14 所示。

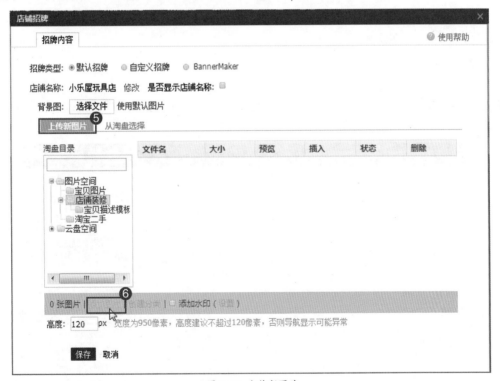

图 6-14 上传新图片

04 打开"选择要上传的图片"对话框，找到之前制作的"店招"图片，如图 6-15 所示。

05 此时在"店铺招牌"对话框中可以看到预览效果，如图 6-16 所示。

图 6-15 上传图片

图 6-16 上传成功

06 单击"保存"按钮,此时完成店招的使用,如图 6-17 所示。单击"发布"按钮,即可查看最终效果,如图 6-18 所示。

图 6-17 装修后的店招

图 6-18 最终效果

6.5 制作全屏通栏店招背景

下面以毛绒玩具店铺作为装修对象讲解全屏通栏店招背景的制作方法。

 操作步骤

01 打开之前装修的网店页面，通过抓图软件将店招和导航的局部进行抓图，这里我们可以使用 QQ 抓图，在边缘处抓图，这样可以将边缘作为背景使店招看起来更加整体，如图 6-19 所示。

02 将抓图进行保存，进入"页面管理"页面，在左侧单击"页头"选项，弹出如图6-20所示的菜单内容。

图 6-19 抓图　　　　　　　　　　图 6-20 页头装修

> **提 示**
>
> "页头下边距 10 像素"选项是指导航与下面模块之间的距离，如果选择"开启"，就会在导航与模块之间出现一个 10 像素的缝隙；如果选择"关闭"，就会将导航与下面模块紧密连在一起。

03 单击"更换图片"按钮，在弹出的"打开"对话框中选择刚才抓的图片"页头背景"，如图 6-21 所示。

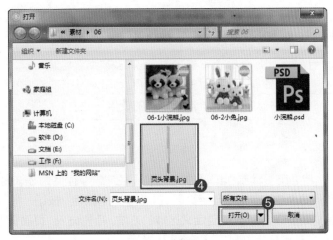

图 6-21 选择图片

04 单击"打开"按钮，再设置一下参数，如图 6-22 所示。

图 6-22 设置背景参数

05 完成设置后，单击"发布"按钮，即可观看通栏店招，如图 6-23 所示。

图 6-23 通栏店招

6.6 焦点图应用

焦点图也叫轮播图，可以将多个静态图进行轮换显示，这样可以更加吸引买家的注意力，使买家把注意力放在本店的时间增加，从而实现盈利。

6.6.1 标准焦点图应用

下面以毛绒玩具店铺作为装修对象讲解标准焦点图的使用方法。

👤 操作步骤

01 启动 Photoshop，将之前设计制作的两个"标准通栏广告"存储为 JPG 格式备用，存储时尽量压缩文件。在"店铺装修"界面中，单击"自定义区域"右侧的"删除"按钮，将当前的自定义区域删除。删除之后，我们再为大家讲解一下重新添加自定义区域的方法，首先进入"页面管理"页面，选择"首页"，在右侧单击"布局管理"，进入布局页面，如图 6-24 所示。

图 6-24 布局

02 在下面的"添加布局单元"中单击"+"按钮,系统弹出"布局管理"对话框,选择"950 像素"选项,如图 6-25 所示。

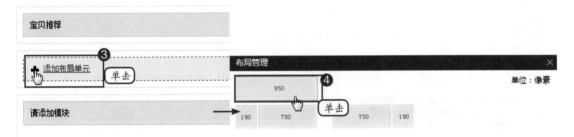

图 6-25 布局管理

03 单击 950 后,系统会新建一个"布局单元",如图 6-26 所示。

图 6-26 新建布局单元

04 拖动移动符号,将其向上移动,在"导航"与"自定义区域"之间停止,单击鼠标将其放置到两者之间的位置,如图 6-27 所示。

图 6-27 移动位置

图 6-27 移动位置（续）

05 单击左侧的"模块"按钮，在弹出的"模块管理"对话框中将"图片轮播"添加到刚才新建的布局单元中，如图 6-28 所示。

图 6-28 添加模块

06 单击"页面编辑"按钮，进入编辑页面中，在"轮播图"区域中单击"编辑"按钮，如图 6-29 所示。

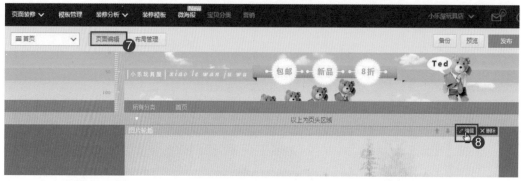

图 6-29 编辑

07 进入"图片轮播"对话框，分别设置两个标签中的内容，如图 6-30 所示。

图 6-30 设置选择图片

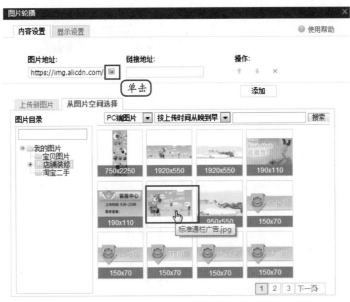

图 6-30　设置选择图片（续）

提示

　　为了店铺装修的便捷，我们可以通过"图片空间"将需要的图片都上传到"图片空间"中，如图 6-31 所示。

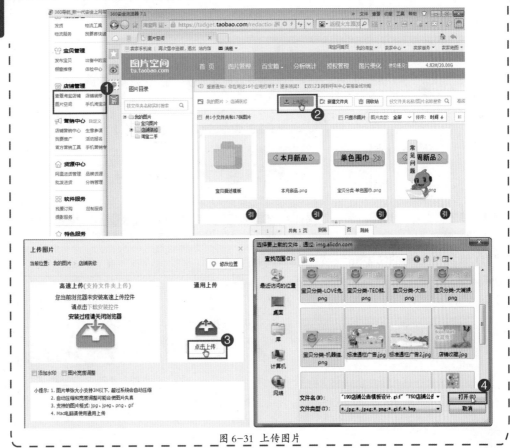

图 6-31　上传图片

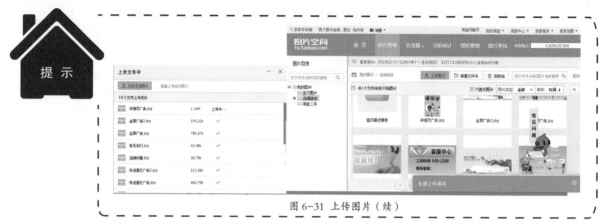

图 6-31 上传图片（续）

08 设置完毕后，单击"添加"按钮，插入另一张"标准通栏广告 2"图片，如图 6-32 所示。

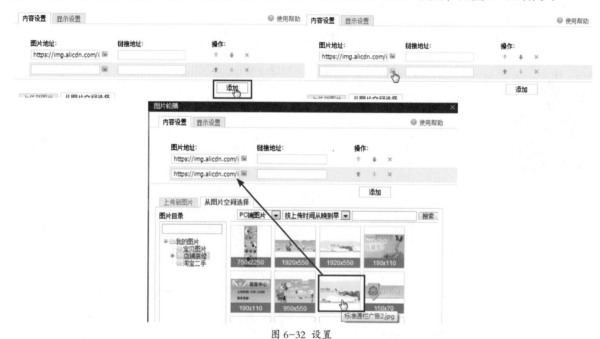

图 6-32 设置

09 单击"保存"按钮，装修效果如图 6-33 所示。

10 单击右上角的"发布"按钮，完成本区域的装修，店铺运行效果如图 6-34 所示。

图 6-33 装修后的广告

图 6-34 最终效果

6.6.2 全屏焦点图应用

在店铺中如果轮播图是全屏显示的图片，会使整个店铺都有一种高大上的感觉，给买家留下的印象也会是觉得店铺比较正规，下面就具体操作如何添加全屏轮播图的方法。

操作步骤

01 刚开始与制作标准焦点图一致，新建一个"布局单元"，将其移动到"店招"下方，为其添加一个"自定义模块"，如图 6-35 所示。

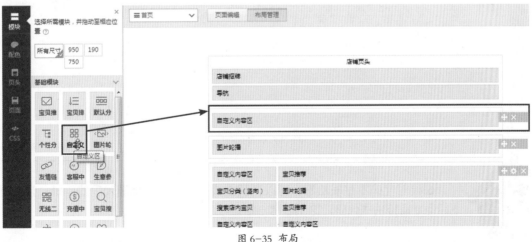

图 6-35 布局

⊙02 回到编辑页面，单击"编辑"按钮，打开"自定义内容区"对话框，勾选"编辑源代码"复选框，如图 6-36 所示。

图 6-36 自定义内容区

⊙03 在记事本或 Dreamweaver 中编写代码，这里在 Dreamweaver 中的"代码"中进行编写，如图 6-37 所示。

图 6-37 编写代码

提示

如果对代码不是很熟悉，可以到网上找一些编辑轮播图代码的网址，通过输入图片地址直接生成代码，这个非常方便。

04 这里只要将代码中的图片替换成"图片空间"中对应图片的链接地址即可，到"图片空间"中选择"全屏广告"图片，单击"复制链接"按钮，如图 6-38 所示。

05 回到 Dreamweaver 中，把"图片 1"链接地址进行替换，如图 6-39 所示。

图 6-38 复制链接

图 6-39 替换地址

06 使用同样的方法将"图片 2、左侧按钮、右侧按钮"的地址进行替换，如图 6-40 所示。

图 6-40 替换地址

07 将 Dreamweaver 中的代码全部拷贝，回到装修页面中，将拷贝的代码粘贴到"自定义内容区"中，如图 6-41 所示。

08 单击"确定"按钮，此时效果如图 6-42 所示。

09 单击右上角的"发布"按钮，此时店铺效果如图 6-43 所示。

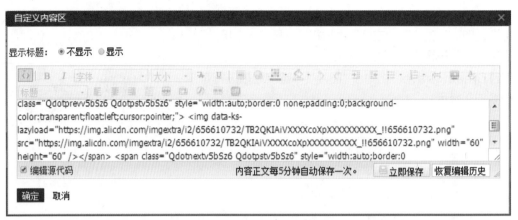

图 6-41 粘贴代码

图 6-42 全屏轮播图

图 6-43 全屏轮播图

图 6-43　全屏轮播图（续）

6.7　自定义广告应用

淘宝店铺中自定义促销区的设置可对整个网店起到广告宣传的作用，下面讲解标准通栏广告、750 广告和 190 广告的应用。

6.7.1　标准通栏广告应用

下面以毛绒玩具店铺作为装修对象讲解网店装修中的标准通栏广告的应用方法。

操作步骤

01 启动 Photoshop，将之前设计的"标准通栏广告"存储为 JPG 格式备用，存储时尽量压缩文件。进入后台，在左侧执行"店铺管理 / 店铺装修"命令，进入"店铺装修"页面，单击"模块"按钮，拖动"自定义"模块到全屏轮播图下方，如图 6-44 所示。

图 6-44　插入自定义模块

02 单击"自定义内容区"的"编辑"按钮，进入"自定义内容区"对话框，设置"显示内容"后，单击"插入图片空间图片"按钮，如图 6-45 所示。

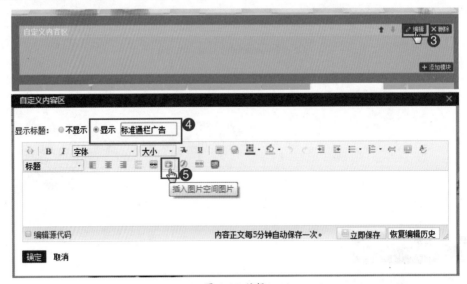

图 6-45 编辑

03 单击后选择"标准通栏广告 2"图片，单击"插入"按钮，如图 6-46 所示。

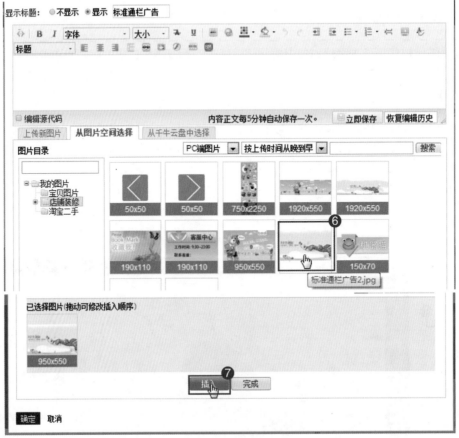

图 6-46 插入

04 插入图片后，如图 6-47 所示。

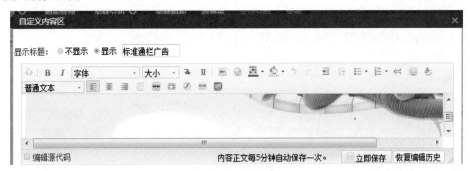

图 6-47 插入图片

05 单击下面的"确定"按钮，完成图片插入，装修后单击右上角的"发布"按钮，完成本区域的应用，效果如图 6-48 所示。

图 6-48 标准通栏广告

提示

如果感觉当前背景在网店中不能更好地衬托网店商品，我们可以在"页面"中为网店设置一个自己喜欢的背景色，效果如图 6-49 所示。

图 6-49 背景色

6.7.2 全屏广告应用

下面以毛绒玩具店铺作为装修对象讲解网店装修中的全屏广告的应用方法。

操作步骤

01 启动 Photoshop，将之前设计的"全屏广告"存储为 JPG 格式备用，存储时尽量压缩文件。进入后台，在左侧执行"店铺管理/店铺装修"命令，进入"店铺装修"页面，单击"模块"按钮，拖动"自定义"模块到全屏轮播图下方，如图 6-50 所示。

图 6-50 插入自定义模块

02 单击"自定义内容区"的"编辑"按钮，进入"自定义内容区"对话框，设置"显示内容"后，勾选"编辑源代码"复选框，如图 6-51 所示。

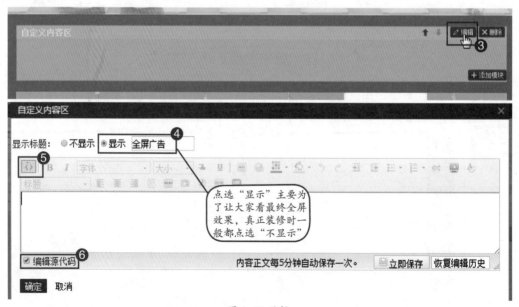

图 6-51 编辑

03 到 Dreamweaver 中的"代码"中编写全屏源代码，如图 6-52 所示。

```
1  <div style="height:550px;">
2      <div class="footer-more-trigger" style="left:50%;top:auto;border:none;padding:0;">
3          <div class="footer-more-trigger" style="left:-960px;top:auto;border:none;padding:0;">
4      <!>
5          <a href="链接地址" target="_blank">
6              <img src="图片" width="1920px" height="550px" border="0" />
7          </a>
8      <!>
9          </div>
10      </div>
11  </div>
```

用"图片空间"中的链接替换此处

图 6-52 插入

04 打开"图片空间"，单击"全屏广告 2"图片的"复制链接"按钮，如图 6-53 所示。

图 6-53 复制链接

05 回到 Dreamweaver 中替换地址，如图 6-54 所示。

```
1  <div style="height:550px;">
2      <div class="footer-more-trigger" style="left:50%;top:auto;border:none;padding:0;">
3          <div class="footer-more-trigger" style="left:-960px;top:auto;border:none;padding:0;">
4      <!>
5          <a href="链接地址" target="_blank">
6              <img src="https://img.alicdn.com/imgextra/i2/656610732/TB2dewtiVXXXXX1XFXXXXXXXXXX_!!656610732.jpg" width="1920px" height="550px" border="0" />
7          </a>
8      <!>
9          </div>
10      </div>
11  </div>
```

图 6-54 替换地址

06 复制编写的代码，在"自定义内容区"中粘贴代码，效果如图 6-55 所示。

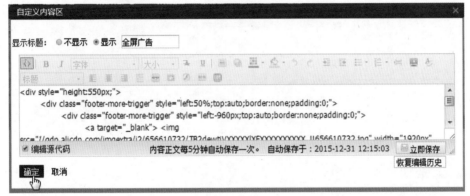

图 6-55 粘贴

07 设置完毕，单击"确定"按钮，效果如图 6-56 所示。

图 6-56 全屏广告

08 单击左侧的"发布"按钮，效果如图 6-57 所示。

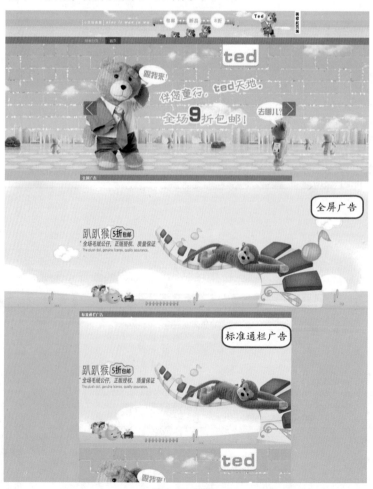

图 6-57 效果

提 示

以上添加的全屏广告、标准通栏广告，在店面中与轮播图有一些冲突，如果制作的广告图片少，就可以将相比之下较弱的删除。

6.7.3 750 广告与 190 广告应用

下面以毛绒玩具店铺作为装修对象讲解网店装修中的 750 广告的应用方法。

操作步骤

01 启动 Photoshop 软件，将之前设计制作的两个"全屏广告"存储为 JPG 格式备用，存储时尽量压缩文件。在"店铺装修"界面中单击"自定义区域"右侧的"删除"按钮，将当前的自定义区域删除。删除之后，我们再为大家讲解一下重新添加自定义区域的方法，首先进入"页面管理"页面，选择"首页"，在右侧单击"布局管理"，进入布局页面，如图 6-58 所示。

图 6-58 布局

02 在下面的"添加布局单元"中单击"+"按钮，系统弹出"布局管理"对话框，选择"190+750"选项，如图 6-59 所示。

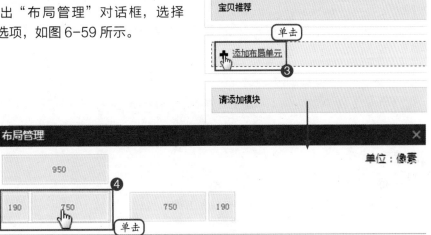

图 6-59 布局管理

03 单击 190+750 后，系统会新建一个"布局单元"，如图 6-60 所示。

图 6-60 新建布局单元

04 拖动移动符号，将其向上移动，在"自定义区域"下方停止，单击鼠标将其放置到两者之间的位置，如图 6-61 所示。

图 6-61 移动位置

05 单击左侧的"模块"按钮，在弹出的"模块管理"对话框中，将"自定义"添加到刚才新建的布局单元中，如图 6-62 所示。

图 6-62 添加模块

06 返回"页面编辑",在右侧的"自定义内容区"中单击"编辑"按钮,在弹出的"自定义内容"对话框中单击"插入图片空间图片"按钮,如图 6-63 所示。

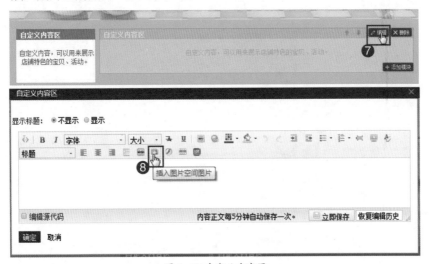

图 6-63 自定义内容区

07 选择"750 广告"后,单击"插入"按钮,如图 6-64 所示。

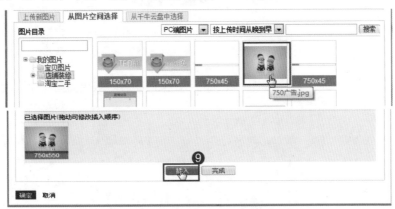

图 6-64 插入图片

08 插入图片后,单击"确定"按钮,效果如图 6-65 所示。

图 6-65 装修后

09 装修后单击右上角的"发布"按钮，完成本区域的应用，效果如图 6-66 所示。

图 6-66 最终效果

10 使用同样的方法将"190 广告"添加到左侧的自定义内容区，效果如图 6-67 所示。

图 6-67 最终效果

提 示

单调的背景色看起来并不是很吸引人，我们可以为整个店铺添加一个背景，添加方法与"页头"背景相似，在"页面"中单击"更换图"，选择一张自己喜欢的图片，就可以为整个店铺添加背景图案，效果如图 6-68 所示。

图 6-68 背景图

6.8 宝贝分类的使用

在淘宝网店中对自己的商品进行细致的归类，非常有助于买家进行浏览选择，好的宝贝分类可以直接或间接地增加网店的人气和收入。

6.8.1 应用宝贝分类

下面以毛绒玩具店铺作为装修对象讲解宝贝分类在网店中的使用方法。

操作步骤

01 启动 Photoshop，将之前设计的"宝贝分类"存储为 JPG 格式备用，存储时尽量压缩文件。进入淘宝后台，选择"装修店铺"，在左侧打开"模块"菜单，将"默认分类"直接拖曳到左侧广告的下面，如图 6-69 所示。

02 单击"添加"按钮，此时会在装修界面多一个"宝贝分类"模块，如图 6-70 所示。

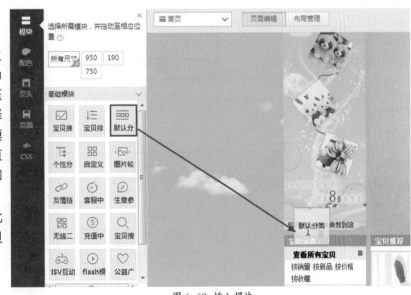

图 6-69 插入模块

195

图 6-70 添加的模块

◎03 将鼠标移到"宝贝分类"的右上边，此时会出现一个"编辑"按钮，单击后进入"分类管理"页面中，如图 6-71 所示。

图 6-71 编辑

◎04 单击"添加图片"按钮，选择"插入图片空间图片"单选框，如图 6-72 所示。

图 6-72 编辑

◎05 选择"插入图片空间图片"单选框后，在弹出的"从空间中选择"对话框中，选择"LOVE 兔"图片，如图 6-73 所示。

图 6-73 插入

◎06 单击"插入"按钮，此时会在"分类管理"中看到插入的图片，如图 6-74 所示。

图 6-74 图片

07 单击右上角的"保存更改"按钮,回到装修页面,可以看到插入的"LOVE 兔"按钮,如图6-75所示。

图 6-75 插入图片

08 进入"宝贝分类"编辑界面,单击"添加手工分类",输入文字后,添加"TED 熊、大白、机器猫、大嘴猴"按钮,如图 6-76 所示。

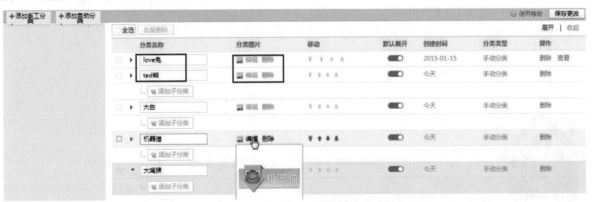

图 6-76 插入图片

09 单击右上角的"保存更改"按钮,回到装修页面,可以看到插入的"宝贝分类"按钮,此时宝贝装修部分装修完毕,效果如图6-77所示。

10 单击右上角的"发布"按钮,可以看到整个店铺的效果。

图 6-77 装修后

6.8.2 应用子宝贝分类

下面以毛绒玩具店铺作为装修对象讲解子宝贝分类在网店中的使用方法。

操作步骤

○01 进入淘宝后台,选择"装修店铺"命令,在"宝贝分类"模块处单击"编辑"按钮,进入"宝贝管理"编辑状态,单击"分类名称"下面"love 兔"前面的三角符号,显示隐藏选项,单击"添加子分类"按钮两次后,得到两个子分类,设置名称如图 6-78 所示。

图 6-78 添加子分类

 技 巧

在"移动"下面单击向上或向下箭头可以改变宝贝分类显示的顺序。

○02 单击"添加图片"后,选择"插入图片空间图片"单选框,在"从图片空间中选择"对话框中选择"本月新品"后,双击图片,如图 6-79 所示。

图 6-79 选择插入的图片

◎03 双击图片后，会在"分类图片"中预览到插入的图片，再将"本周新品"图片插入，单击"保存更改"按钮，如图 6-80 所示。

图 6-80 预览插入的图片

◎04 单击"保存更改"按钮后，进入装修界面，我们可以看到显示的子分类图片，如图 6-81 所示。

◎05 使用同样的方法为其他分类添加子分类，效果如图 6-82 所示。

图 6-81 子分类　　　　　　　　　　　图 6-82 分类图片

◎06 单击右上角的"发布"按钮，即可将装修效果在店铺中进行显示。

宝贝分类制作完毕后，可以在"宝贝分类"的编辑状态下的"宝贝管理"标签中对商品宝贝进行分类管理，如图 6-83 所示。

提 示

图 6-83 分类管理

6.9 店铺公告模板的使用

在淘宝网店内一个公告可以让大家更快地了解本店的相关信息。

下面以毛绒玩具店铺作为装修对象讲解右侧店铺公告模板的使用方法。

操作步骤

01 启动 Dreamweaver 软件，新建一个空白文档，插入一个"宽度"为 750 像素的 1 行 1 列表格，如图 6-84 所示。

图 6-84 插入表格

02 在属性栏中设置"高度"为 45，如图 6-85 所示。

03 以背景的形式插入之前制作的"右侧店铺公告动态模板设计"，如图 6-86 所示。

04 在"图片空间"中单击图片下面的"复制链接"按钮，如图 6-87 所示。

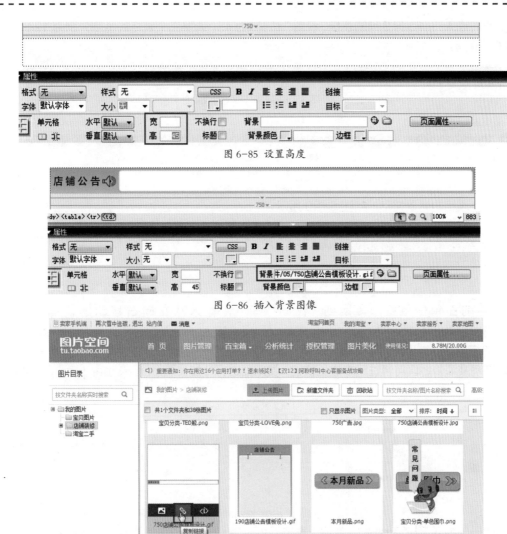

图 6-85 设置高度

图 6-86 插入背景图像

图 6-87 链接

05 复制图片在"图片空间"中的地址后，转换到 Dreamweaver 的"代码"模式中，选择背景图片代码，按 Ctrl+V 键将其粘贴，如图 6-88 所示。

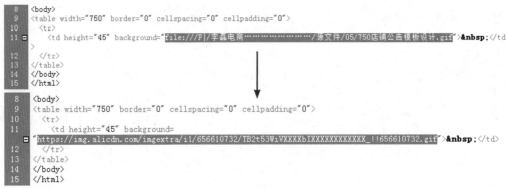

图 6-88 粘贴代码地址

06 在背景内插入一个 1 行 3 列的表格，设置"高度"为 45，调整三个表格的宽度分别为 124、619、7，效果如图 6-89 所示。

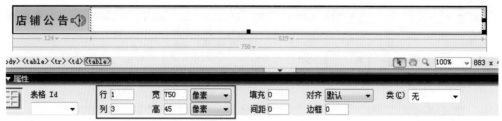

图 6-89 插入表格

07 在第二个表格内输入文字，如图 6-90 所示。

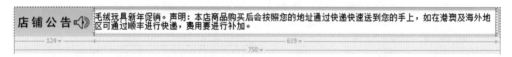

图 6-90 输入文字

08 在文字前面单击鼠标，转换到"代码"模式，输入从左向右移动的代码"<marquee direction="left" behavior="scroll" scrollamount="1" scrolldelay="0" width="619"><span class="STYLE1"> 毛绒玩具新年促销。声明：本店商品购买后会按照您的地址通过快递快速送到您的手上，如在港澳及海外地区可通过顺丰进行快递，费用要进行补加。</span></marquee>"，如图 6-91 所示。

```
      width="750" height="45" border="0" cellpadding="0" cellspacing="0">
12        <tr>
13            <td width="124"> </td>
14            <td width="619"><marquee direction="left" behavior="scroll" scrollamount="1" scrolldelay="0" width="619">
   <span class="STYLE1">
   毛绒玩具新年促销。声明：本店商品购买后会按照您的地址通过快递快速送到您的手上，如在港澳及海外地区可通过顺丰进行快递
   ，费用要进行补加。</span></marquee></td>
15            <td width="7"> </td>
16        </tr>
17    </table></td>
```

图 6-91 代码

09 在"代码"模式下按 Ctrl+A 键全选，再按 Ctrl+C 键复制代码，如图 6-92 所示。

```
1  <!DOCTYPE html PUBLIC "-//W3C//DTD XHTML 1.0 Transitional//EN"
   "http://www.w3.org/TR/xhtml1/DTD/xhtml1-transitional.dtd">
2  <html xmlns="http://www.w3.org/1999/xhtml">
3  <head>
4  <meta http-equiv="Content-Type" content="text/html; charset=gb2312" />
5  <title>无标题文档</title>
6  </head>
7
8  <body>
9  <table width="750" border="0" cellspacing="0" cellpadding="0">
10   <tr>
11     <td height="45" background=
   "https://img.alicdn.com/imgextra/i1/656610732/TB2t53WiVXXXXbIXXXXXXXXXXXX_!!656610732.gif"><table width="750"
   height="45" border="0" cellpadding="0" cellspacing="0">
12        <tr>
13            <td width="124"> </td>
14            <td width="619"><marquee direction="left" behavior="scroll" scrollamount="1" scrolldelay="0" width="619">
   <span class="STYLE1">
   毛绒玩具新年促销。声明：本店商品购买后会按照您的地址通过快递快速送到您的手上，如在港澳及海外地区可通过顺丰进行快递
   ，费用要进行补加。</span></marquee></td>
15            <td width="7"> </td>
16        </tr>
17    </table></td>
18   </tr>
19  </table>
20  </body>
21  </html>
```

图 6-92 拷贝代码

10 进入淘宝后台，选择"店铺装修"，在左侧的"模块"中拖曳"自定义"到右侧广告下面，为其添加一个"自定义内容区"，单击"编辑"按钮，如图 6-93 所示。

图 6-93 编辑

11 进入"自定义内容区"对话框，选择"不显示"单选框，单击 <> （源码）按钮，进入代码模式，按 Ctrl+V 键粘贴之前复制的代码，如图 6-94 所示。

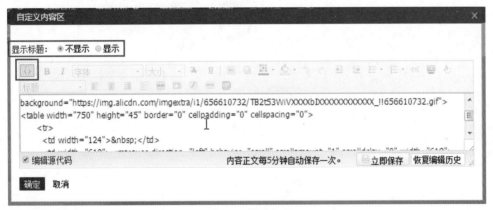

图 6-94 粘贴代码

12 单击"确定"按钮，完成右侧店铺公告的使用，此时会看到公告文字从右向左滚动，如图 6-95 所示。

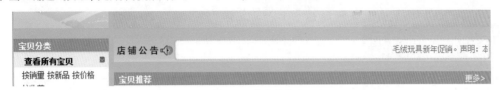

图 6-95 店铺公告

提示

如果在网店中应用左侧店铺公告，我们可以插入背景图片后，在代码中将方向设置成从下向上的方向即可。

13 单击右上角的"发布"按钮，此时在店铺中就可以看到公告了，如图 6-96 所示。

图 6-96　店铺公告在网店中

6.10 店铺收藏的应用

在淘宝网店中设置店铺收藏的意义在于引起买家的注意，吸引更多的人自愿收藏本店铺，成为日后购买同类商品的首选。

下面以毛绒玩具店铺作为装修对象讲解店铺收藏的使用方法。

 操作步骤

1. 获取店铺收藏的代码

◎01 虽然在 Photoshop 中已经制作了"店铺收藏"的图片，但是不能直接使用。如果要将图片应用"收藏店铺"功能，首先要在自己店铺的右上角处单击"店铺收藏"按钮，如图 6-97 所示。

图 6-97 单击"收藏店铺"

02 单击"收藏店铺"按钮后,系统会弹出一个提示框,提示不能收藏自己的店铺,如图 6-98 所示。

03 这里我们可以忽略提示,在提示框中单击鼠标右键,在弹出的菜单中选择"属性"命令,如图 6-99 所示。

图 6-98 提示框

图 6-99 选择属性

04 在弹出的"属性"对话框中将地址(URL)后面的代码选取,按 Ctrl+C 键复制代码,如图 6-100 所示。

05 复制完毕后单击"确定"按钮,完成代码的获取。最好将代码以文本的形式进行存储以备后用,如图 6-101 所示。

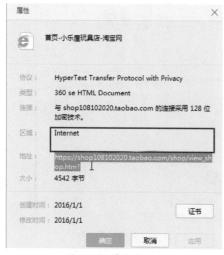

图 6-100 拷贝代码

图 6-101 储存代码

2. 店铺收藏的应用

⭕**01** 在淘宝后台进入卖家中心的"装修店铺"中，在装修界面中左侧部分添加一个自定义模块，在"自定义内容区"中单击"编辑"按钮，如图 6-102 所示。

⭕**02** 进入"自定义内容区"对话框，设置参数后单击"插入图片空间图片"按钮，如图 6-103 所示。

图 6-102 添加的模块

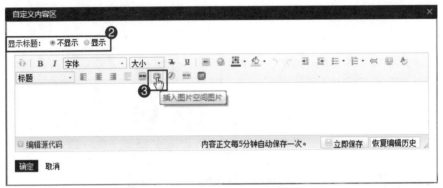

图 6-103 "自定义内容区"对话框

⭕**03** 单击"插入图片空间图片"按钮后，在"图片空间"中选择图片并单击"插入"按钮，再单击"完成"按钮，如图 6-104 所示。

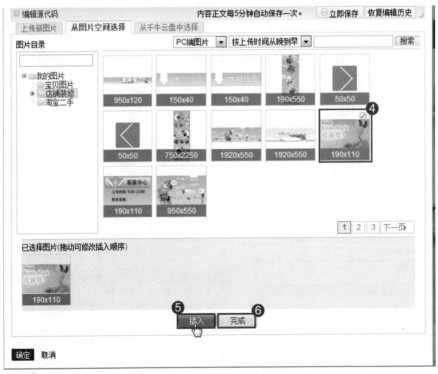

图 6-104 插入图片

04 在"自定义内容区"中双击插入的图片，在弹出的"图片设置"对话框中，将之前获取的代码粘贴到"链接网址"后面，如图 6-105 所示。

图 6-105 粘贴代码

图 6-107 店铺中的店铺收藏

05 设置完毕后单击"确定"按钮，此时就可以完成图片链接代码的添加任务，再在"自定义内容区"中单击"确定"按钮，此时装修界面中可以看到插入的图片，如图 6-106 所示。

图 6-106 装修界面

06 此时的店铺效果只有自己能够看到，买家是看不到的，所以此时我们要单击店铺右上角的"发布"按钮，此时的店铺买家就可以看到了，如图 6-107 所示。此时将鼠标移到该图片处，鼠标指针会变成小手的形状，单击即可收藏店铺，如图 6-108 所示。

图 6-108 鼠标移到图片处

6.11 联系我们的应用

在淘宝网店中设置联系我们的意义在于可以和买家直接通过"旺旺"进行交流，帮助买家更加了解产品信息。

下面以毛绒玩具店铺作为装修对象讲解联系我们的应用方法。

操作步骤

1. 为制作的图片创建切片并导出网页

01 在 Photoshop 中打开之前制作的"联系我们"文件，使用（切片工具）创建切片，如图6-109所示。

02 切片创建完毕后，执行菜单"文件/存储为 Web 所用格式"命令，在"存储为 Web 所用格式"对话框中设置切片，如图6-110所示。

图6-109 创建切片

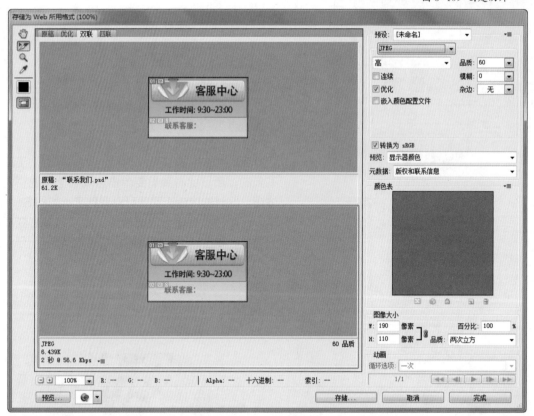

图6-110 存储为 Web 所用格式

03 设置完毕后，单击"存储"按钮，打开"将优化结果存储为"对话框，设置如图6-111所示。

04 设置完毕后，单击"保存"按钮，储存后的效果如图6-112所示。

图 6-111 "将优化结果存储为"对话框

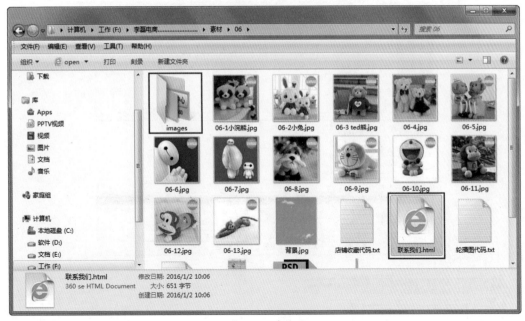

图 6-112 存储后

2. 在 Dreamweaver 中生成代码

⟳01 启动 Dreamweaver，打开前面存储的网页文档，如图 6-113 所示。

⟳02 将表格的"宽度"与"高度"设置成与切片大小一致，将下面的图像以背景的形式插入，如图 6-114 所示。

⟳03 在下面表格中插入一个 1 行 2 列的表格，设置左边的单元格"高度"为 37、"宽度"为 95，如图 6-115 所示。

图 6-113 在 Dreamweaver 中打开

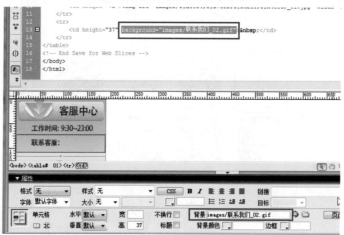

图 6-114 插入背景

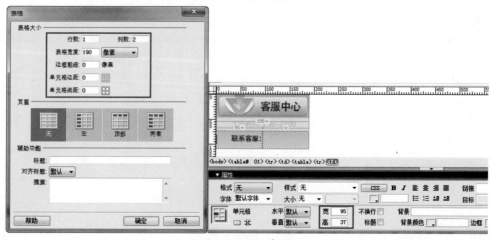

图 6-115 插入表格

3. 在旺遍天下中获取代码

⭕01 在浏览器中输入 http://www.tbzxiu.com/wangwang.htm，进入旺遍天下，选择自己喜欢的风格，如图 6-116 所示。

图 6-116 选择风格

⭕02 填写相应信息，如图 6-117 所示。

图 6-117 填信息

⭕03 在下面直接单击"生成网页代码"按钮，再单击下面的"复制代码"按钮，将代码进行复制，如图 6-118 所示。

图 6-118 复制代码

4. 在 Dreamweaver 中应用代码并替换图片的代码

⭕01 回到 Dreamweaver 中，用鼠标指针选择下面左边的单元格，在"拆分"中粘贴复制的网页代码，如图 6-119 所示。

⭕02 将保存的切片图片上传到"图片空间"中，选择"联系我们 01"图片后，在下面出现的符号中单击"复制链接"按钮，如图 6-120 所示。

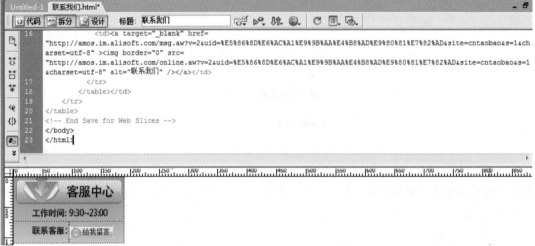

图 6-119 粘贴代码

图 6-120 复制链接

⟳03 回到 Dreamweaver 中,将之前图片的链接进行替换,如图 6-121 所示。再将"联系我们 02"图片的链接进行替换,如图 6-122 所示。

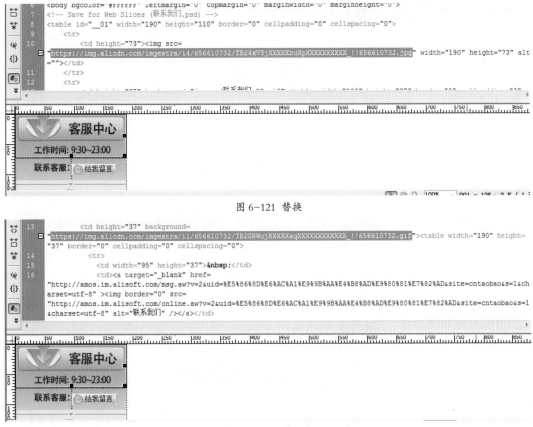

图 6-121 替换

图 6-122 替换

5. 联系我们的应用

01 进入装修界面，在"店铺收藏"的下面新建一个自定义模块，如图 6-123 所示。

图 6-123 添加自定义模块

02 单击"编辑"按钮，进入"自定义内容区"对话框，单击 （源码）按钮，进入代码编辑区，将 Dreamweaver 中的代码全部复制，将其粘贴到"自定义内容区"的代码区中，如图 6-124 所示。

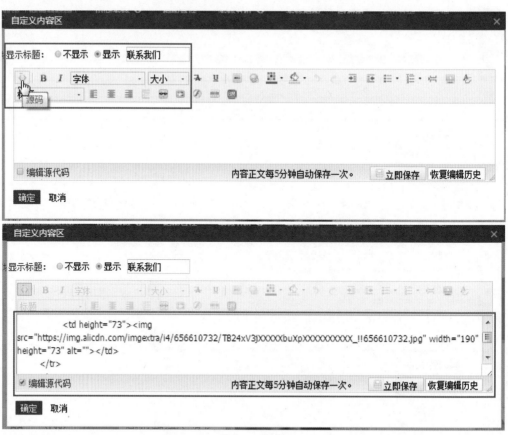

图 6-124 编辑

03 单击 （源码）按钮，返回图像编辑区，此时可以看到效果，如图 6-125 所示。

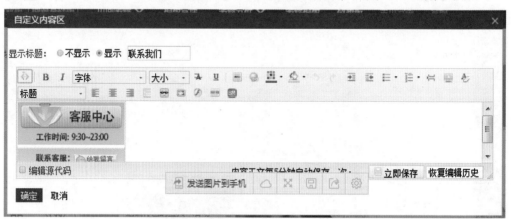

图 6-125 编辑

04 单击"确定"按钮，此时的店铺效果只有自己能够看到，买家是看不到的，所以此时我们要单击店铺右上角的"发布"按钮，店铺买家就都可以看到了，如图 6-126 所示。

图 6-126　最终效果

6.12 详情页广告的应用

在淘宝网店中详情页一般都放在"宝贝描述"区域，只要将"详情页广告"插入"宝贝描述"区域，即可在选择该宝贝时看到详情页图片或文字。

下面以毛绒玩具店铺作为装修对象讲解详情页广告的应用方法。

操作步骤

01 进入淘宝卖家后台，直接单击左侧"宝贝管理"下面的"发布宝贝"选项，如图 6-127 所示。

02 进入发布后先选择商品的类型，如图 6-128 所示。

03 单击"我已阅读以下规则，现在发布宝贝"按钮，填写宝贝基本信息，如图 6-129 所示。

图 6-127 发布宝贝

图 6-128 发布宝贝

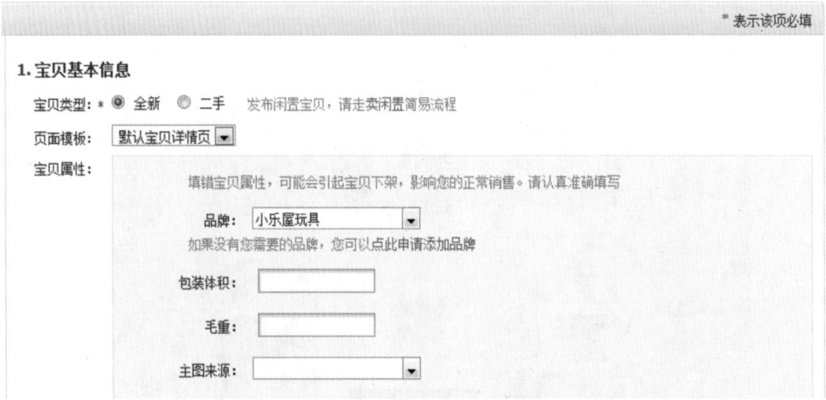

图 6-129 填写宝贝基本信息

04 这里只要填写带 * 的选项部分，就可以发布宝贝。也可以进一步填充其他选项部分，这样看起来会更加详细，使买家可以了解得更多，如图 6-130 所示。

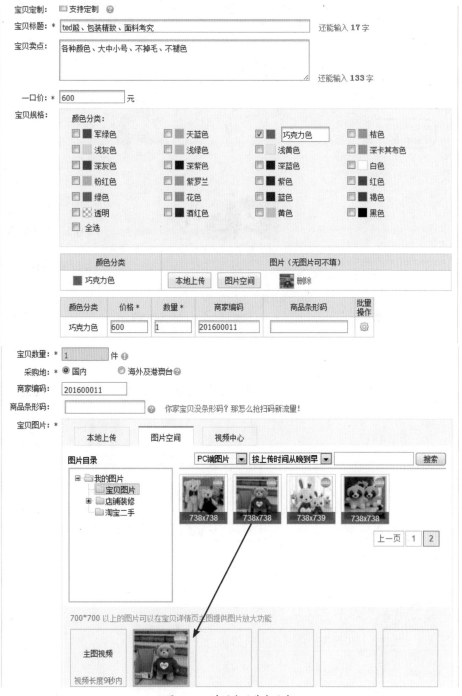

图 6-130 填写宝贝基本信息

图 6-130 填写宝贝基本信息（续）

05 单击"发布"按钮，30 分钟后就可以看到发布的宝贝，在网店中单击刚才上传的宝贝，就可以看到对宝贝的详情介绍，如图 6-131 所示。

图 6-131 详情页